沙漠地区
电力设备风害故障诊断技术

钟永泰　聂德鑫　张　陵　马勤勇　著

中国电力出版社
CHINA ELECTRIC POWER PRESS

内 容 提 要

随着"一带一路"发展战略以及全球能源互联网的推行，中国与中亚国家直流联网工程陆续开始规划建设，沙漠风害地区的电网建设与运行维护问题亟待解决，本专著以新疆为例，整理并总结了沙漠地区输变电工程应对风害的实用化技术，以期待相关专业人员提供重要参考。

本专著共有 6 章，分别为概述、沙漠风害对电力设备影响的研究现状、输电线路设备、变电设备、风害监测和应急抢修。

本专著可供从事沙漠风害地区输变电工程设计、运行维护等专业的科研与生产人员学习，也可供相关专业教职人员、研究人员参考。

图书在版编目（CIP）数据

沙漠地区电力设备风害故障诊断技术/钟永泰等著. —北京：中国电力出版社，2019.1
ISBN 978-7-5198-2932-2

Ⅰ．①沙…　Ⅱ．①钟…　Ⅲ．①沙漠–电力设备–风灾–故障诊断　Ⅳ．①TM407

中国版本图书馆 CIP 数据核字（2019）第 017706 号

出版发行：中国电力出版社
地　　址：北京市东城区北京站西街 19 号（邮政编码 100005）
网　　址：http://www.cepp.sgcc.com.cn
责任编辑：罗　艳（yan-luo@sgcc.com.cn，010–63412315）
责任校对：黄　蓓　李　楠
装帧设计：张俊霞
责任印制：石　雷

印　　刷：三河市万龙印装有限公司
版　　次：2019 年 1 月第一版
印　　次：2019 年 1 月北京第一次印刷
开　　本：710 毫米×980 毫米　16 开本
印　　张：12.75
字　　数：211 千字
定　　价：108.00 元

前　言

　　我国沙漠地区处在中纬度地区，分布广泛，较大的沙漠有塔克拉玛干沙漠、古尔班通古特沙漠和巴丹吉林沙漠，这些沙漠地区的冷峰和低压槽过境较多，风速较大。这些地区有着丰富的太阳能和风能资源，是我国重要的能源基地，但是，这些地区存在的强风和干旱沙尘极端环境，给电网建设及运行维护带来了巨大的挑战。

　　国内外沙漠问题的研究，主要关注沙尘天气对大气环境的影响，研究者们通过卫星遥感、激光雷达和现场采集等方法获取沙漠地区沙尘的理化特性、物质来源、传输途径以及危害影响。在沙漠地区输电问题方面，国内外主要集中在输变电外绝缘、设备损伤等的研究工作，相关的专著极为缺乏。

　　随着"一带一路"建设实施以及"全球能源互联网"的推行，中国与中亚国家直流联网工程陆续开始规划建设，沙漠风害地区的电网建设及运行维护问题亟待解决。本专著以新疆为例，整理并总结了沙漠地区输变电工程应对风害的实用化技术，为相关专业人员提供重要参考。

　　国网新疆电力有限公司电力科学研究院与国网电力科学研究院武汉南瑞有限责任公司深度联合，总结了多次罕遇沙漠风害电网受损的经验教训，依托《强风沙、高湿度特高压交流输电工程金具电晕特性及防晕技术研究》《强风沙尘气象环境下输电线路实时观测与预警技术研究》等系列科研攻关项目的成果，以及依托环绕塔克拉玛干沙漠、穿越西天山等多条 750kV 输变电工程，深度分析了输变电工程在沙漠风害环境作用下的损伤规律，阐述了试验模拟、故障机理探索和防护措施等关键技术，总结了多源数据融合的灾害监测、应急指挥决策和快速恢复供电的应对体系。

　　本专著由钟永泰、聂德鑫、张陵和马勤勇共同完成，张广洲和邓鹤鸣负责审稿和校核。专著共分为 6 章，第 1 章为概述，由钟永泰、陈彬和金铭执笔，介绍了极端风害地区的输变电工程外绝缘、设备损伤以及监测体系；第 2 章由聂德鑫、王建、魏伟和李晓光执笔，详细介绍了沙漠风害对电力设备影响的研究现状；第3章由马勤勇、陈彬、杨洋和王立福执笔，着重于输电线路设备的危害与防治；第4章由聂德鑫、邓慰、王建和王友旭执笔，着重于变电设备的危害与防治；第5章由钟永泰、赵普志、何常根和郑路遥执笔，介绍了风害监测的进展，包括在线监测和广域监测，以及数值天气预报；第6章由张陵、文正其、李炼炼和赵建平执笔，介绍了应急抢修的技术现状，包括应急决策与抢修设备两部分。

中国电力科学研究院邬雄教授和徐涛研究员、国网电力科学研究院蔡炜研究员、国网四川省电力公司电力科学研究院曹永兴教授以及国网黑龙江省电力有限公司电力科学研究院于春来博士提出了宝贵建议，在此一并表示感谢。专著介绍的方法、技术、装置和标准适用于整个电力系统，可为从事沙漠风害地区输变电工程设计、运行维护等专业的科研与生产人员提供参考，也可以作为相关专业教职人员、研究人员的参考资料。

由于水平和经验有限，书中难免有缺点或错误，敬请读者批评指正。

著　者

2018 年 10 月

目　录

前言

第1章　概述 ···································· 1

1.1　沙漠地区特征 ······························ 1

1.2　风沙分布特征 ······························ 4

1.3　主要危害 ································· 10

第2章　沙漠风害对电力设备影响的研究现状 ········ 15

2.1　沙漠地区输变电工程外绝缘问题 ··············· 15

2.2　输变电设备的风沙故障 ······················ 22

第3章　输电线路设备 ························· 25

3.1　导线风偏 ································· 25

3.2　复合绝缘子的伞裙撕裂 ······················ 35

3.3　连接金具磨损 ······························ 46

3.4　间隔棒磨损 ······························· 81

3.5　地线绝缘子及配套金具损伤 ··················· 91

第4章　变电设备 ····························· 98

4.1　变电主设备 ······························· 98

4.2　变电站避雷针 ····························· 101

4.3　支柱绝缘子 ······························ 113

第 5 章　风害监测 ·· 129

　　5.1　在线监测 ·· 129

　　5.2　广域监测 ·· 145

　　5.3　多尺度数据融合的风害数值预报 ······················· 151

第 6 章　应急抢修 ·· 166

　　6.1　应急决策 ·· 166

　　6.2　抢修设备 ·· 171

参考文献 ··· 188

第 1 章

概　述

1.1　沙　漠　地　区　特　征

世界沙漠的大多数集中分布于南、北纬 20°～40°地区。这是由于太阳照射产生了地球的大气环流，并在南、北纬 33°附近形成了两条强大的高压下沉气流带。地球公转使它们南北摆动，于是在地球中低纬度地区出现了两条宽阔的干旱气候带，其范围大致在南、北纬 20°～40°。

沙漠在地球上的分布还有一个明显的特点，大都居于大陆内部。越是深入内陆，距海越远，大气水汽来源越少，降雨量越少，气候越干旱，也就越有利于形成沙漠。我国西北及中亚的沙漠就是这样形成的。世界沙漠多倾向于分布在大陆西部。这是因为，一方面，大陆西部逼近高压下沉气流旋涡的东侧，干旱效果更加强烈；另一方面，大陆西侧常有冷洋流经过，也会加剧这一地区的干旱强度。

世界上，最大的沙漠地区是非洲北部的撒哈拉沙漠；最大的固定性沙漠是非洲南部的卡拉哈里沙漠，最大的流动性沙漠是阿拉伯半岛的鲁卜哈利沙漠；最干的沙漠是南美洲的阿塔卡马沙漠。

中国沙漠总面积约 70 万 km^2，如果连同 50 多万 km^2 的戈壁在内总面积为 128 万 km^2，占全国陆地总面积的 13%。中国西北干旱区是中国沙漠最为集中的地区，约占全国沙漠总面积的 80%，主要沙漠自西向东有塔克拉玛干沙漠、古尔班通古特沙漠、库姆塔格沙漠、柴达木沙漠、巴丹吉林沙漠、腾格里沙漠、乌兰布和沙漠及库布齐沙漠等八大沙漠。

中国西北、华北北部及东北西部，有大片沙丘覆盖的沙质荒漠，由砾石、碎石组成的戈壁、砾漠，以及称之为岩漠或石质荒漠的岩石裸露的山地。它们主要位于北纬 35°～50°、东经 75°～125°，分布在新疆、青海、甘肃、内蒙古、陕西、吉林和黑龙江等 7 个省区。据统计，中国沙漠、戈壁和沙漠化土地面积总计约 130.8 万 km²，占全国陆地总面积的 13.5%。在荒漠地带以流动性沙丘为主的沙漠，占全国沙漠面积 70%以上；在荒漠草原和干草原地带以半固定、固定沙丘为主的沙漠化土地，面积约 32.8 万 km²。其中，以新疆分布的面积最广，约占全国沙漠、戈壁面积的 60%。中国著名的八大沙漠中塔克拉玛干沙漠面积达 32 万 km²，比 3 个浙江省还大，是中国最大的沙漠，也是世界上著名的大沙漠之一。

新疆地处欧亚大陆的中心，深居内陆，是世界上距离海洋最远的地区，四面高山环抱，很难受到海洋暖湿气流的影响，属温带、暖温带干旱性气候，新疆的沙漠又都是在盆地的中间，更是干旱性气候的极端地区，总的特点是干旱少雨，蒸发强烈，日照充足，热量丰富，大风、沙尘暴、扬沙、浮尘等灾害性天气频繁，沙害严重。

新疆地域辽阔，有三大山系和两大盆地，地质条件复杂，气候变化大，气候的水平和垂直地带性差异明显，沙漠地域分布广，类型多，差异明显。新疆沙漠一般分布于各盆地或谷地中，面积较大的沙漠有 10 片，其中北疆分布着古尔班通古特沙漠、福海沙漠、乌苏沙漠、吉木乃沙漠和塔克尔莫乎尔沙漠，南疆分布有塔克拉玛干沙漠、阿克别勒库姆沙漠、库姆塔格沙漠、鄯善库姆塔格沙漠以及位于昆仑山的库木库里沙漠。尤以塔里木盆地内的塔克拉玛干沙漠面积最大，准噶尔盆地内的古尔班通古特沙漠面积次之，分别达 33.76 万 km² 和 4.88 万 km²，并分别是世界第二大流动性沙漠和我国最大的固定半固定沙漠。

在新疆境内著名的风区有吐鲁番西北部的"三十里风区"（小草湖—大河沿），吐鲁番与哈密交界十三间房"百里风区"（兰新线红旗坎—沙尔站），哈密三塘湖—淖毛湖风区（二百四十里戈壁风区）和东南部风区，巴州罗布泊风区，博尔塔拉阿拉山口风区，乌鲁木齐达坂城风区（红雁池—后沟），塔城铁厂沟—老风口风区，阿勒泰额尔齐斯河谷风区等 9 大风区。这些风区年大风日数（8 级及以上大风）大多在 100 天以上，其中达坂城、阿拉山口风区甚至超过了 200 天。其中，哈密十三间房"百里风区"不仅大风出现频率高，且风速极值出现最多，2003 年 4 月 16 日，位于"百里风区"的兰新线大步车站（距十三间房车站 15km）实测瞬时最大风速达到了 60m/s（17 级）。

新疆地处中纬度西风带，由于受地形的影响，素以风多风大著称，特别是 4～

5月份强劲的西北风沿阿拉山口、老风口、达坂城等著名的风口、风区长驱直入，时常刮得天昏地暗、飞沙走石。风的总体趋势是北疆大于南疆，高山、高原大于中低山地，盆地边缘大于盆地腹部。风口、风区最大，盆地中心最小。年平均风速北疆、东疆为 2.5～3.5m/s，其中额尔齐斯河谷西部在 4m/s 以上，三塘湖、淖毛湖 4～5m/s，阿拉山口、老风口、达坂城、"三十里风区""百里风区"以及高山的山隘达坂区高达 5～6m/s。南疆塔里木盆地在孔雀河以西为 1.5～2.5m/s，孔雀河以东为 3m/s，罗布泊地区达 5m/s。

北疆西部、东疆和南疆东部是大风（风速≥17.2m/s 的八级以上的风）的多发地区。南疆东部的若羌一带，年平均大风日数为 30～40 天。北疆西部的哈巴河、和布克赛尔、克拉玛依，东疆的三塘湖、七角井、托克逊以及南疆的托云等地年均大风日数为 60～90 天，吐鲁番的"三十里风区"，哈密的"百里风区"，乌鲁木齐的达坂城以及艾肯和奎先达坂等地，年均大风日数均在 100 天以上。北疆西部的阿拉山口，年均大风日数多达 165h，最大风速达 50m/s。

新疆风速的年内变化多数是以春季为最大，夏季次之，冬季最小。以月份计，4、5 月风速最大，12 月和 1 月最小。北疆额尔齐斯河河谷西部、额敏县的老风口地区和达坂城谷地以冬、春各月风速较大，夏、秋风速略小。

新疆的风害对输变电设备的影响，往往伴随沙尘的侵蚀作用。从全疆范围来看，沙丘活化应该是最主要的形式。所谓沙丘活化，即原来属于固定、半固定的沙丘（或沙地）变成了流动沙丘。形成流动沙丘的条件，一个是沙丘上的植被被破坏了，松散的沙子在风力吹扬下向流动沙丘转化。它们多出现在绿洲与流动沙漠之间的过渡带。形成流动沙丘的第二个条件是地下水位降低，造成地上植被衰败、干枯，逐渐失去保护沙地地面的作用。

沙漠在全球变化和人为扰动双重作用的驱动下，不仅地理环境特征（活动性、规模以及生物、景观和生态等特征）发生显著变化，而且可能产生空间位置的变动。干旱的气候、丰富的沙源、裸露的地面、起沙风的作用是地质历史时期和人类历史时期新疆约 43.30 万 km² 沙漠和沙漠化土地形成的先决条件。人类活动的干扰则是最近数千年来新疆沙漠化发生发展的一个极其重要的促进因素。新疆的气候是典型的温带干燥大陆性气候，由于深处内陆，加之山盆相间的地貌格局相对封闭，在其 165 万 km² 的国土中，有 88.7%属于干旱和半干旱区，绝大多数平原和沙漠区域的干燥度都在 4 以上，塔里木盆地、吐哈盆地及东疆东北部的不少区域在 32 以上，塔克拉玛干沙漠腹地在 64 以上，而吐鲁番盆地则达 100 以上。

北疆西北部、东疆和南疆东部是大风高值区。阿拉山口年大风日达 165 天，最大风速达 55m/s。起沙风日数（按≥6m/s 计），塔里木盆地一般在 30 天以上，盆地中西部多在 50 天以上，南部达 90～110 天；北疆和东疆一般在 20 天以下；准噶尔盆地南缘的精河到乌苏以东、玛纳斯河下游和哈密盆地东部，多在 20 天以上，最高达 50～60 天。

1.2 风沙分布特征

1.2.1 历史强风时空分布特征

空间分布上，统计过去 3 年有多少日出现过大风、大风持续最长时间（h）及其对应的时间段，得到表 1-1。结合大风情况和新疆地区国家观测站分布可知，过去 3 年，处于北疆的大风日数多于南疆以及天山山脉附近。其中，十三间房出现大风日数最多，有 278 天，且大风天气最长持续了 108h。吉木乃和淖毛湖在 3 年内只出现过一次大风天，且持续时间不足 1h。

表 1-1　　　　　　　　　　气象站大风信息表

站名	大风日数（天）	最长持续时间（h）	最长持续时间（年月日）	经纬度
吉木乃	4			85.866 7°E，47.433 3°N
福海	6	3	2015033011～2015033014	87.466 7°E，47.116 7°N
阿克达拉	1	2	2016030306～2016030307	87.966 7°E，47.1°N
和布克塞尔	14	11	2015100505～2015100515	85.716 7°E，46.783 3°N
阿拉山口	27	9	2014112423～20141102507	82.566 7°E，45.183 3°N
淖毛湖	1			94.983 3°E，43.75°N
十三间房	278	108	2016072909～2016080313	91.733 3°E，43.216 7°N
巴音布鲁克	2	2	2014052011～2014052012/ 2014053021～2014053022	84.15°E，43.033 3°N
托克逊	4	2	2016030302～2016030303 2016042405～2016042406	88.6°E，42.766 7°N
轮台	1	3	2014042303～2014042305	84.266 7°E，41.816 7°N
吐尔尕特	1	3	2014120714～2014120416	75.4°E，40.516 7°N
喀什	4	2	2014042219～2014042220 2014052205～2014042206	75.75°E，39，4833°N

注　表格中未填写数据之处表示最长持续时间不足 1h。

　　时间分布上，如图1-1大风天气出现频次季变化特征显示，北疆大风多出现在春季，尤以3月份居多，而南疆大风多出现在春末夏初4～6月。由图1-2大

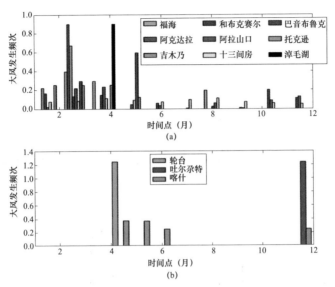

图1-1 大风天气出现频次季变化
（a）北疆不同月份大风天气出现频次；（b）南疆不同月份大风天气出现频次

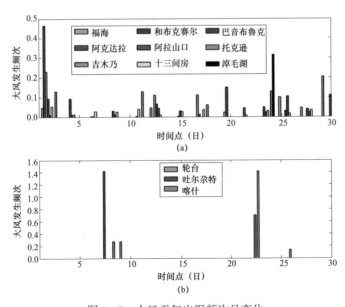

图1-2 大风天气出现频次月变化
（a）北疆不同日大风天气出现频次；（b）南疆不同日大风天气出现频次

风天气出现频次月变化可见，过去三年内，北疆大风多出现在 1～3 日、10～14 日、25 日前后，南疆大风主要出现在 7 日和 23 日左右。由图 1−3 所示的大风天气出现频次日变化可见，北疆大风主要出现在 9 点～13 点，南疆大风出现频次较均匀，无明显时间变化。

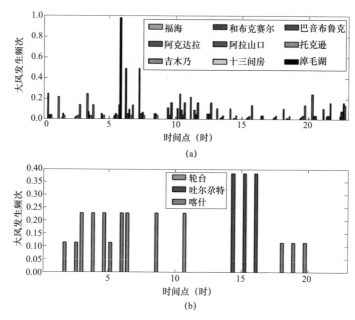

图 1−3　大风天气出现频次日变化

（a）北疆不同时间点大风天气出现频次；（b）南疆不同时间点大风天气出现频次

北疆站点为图 1−5 中紫色十字，南疆站点为图 1−5 中红色十字

1.2.2　历史沙尘时空分布特征

从全疆地区来看，如图 1−4 所示，普通沙尘的时间分布均匀无明显时间特征。强沙尘主要发生在 10～12 月，尤其在月末和夜间出现频率较高。特强沙尘主要发生在 10 月中旬到 12 月，月频率高值在 26 号至次月 3 号期间，日发生频率高值在 19 时至翌日凌晨 4 时。从南、北疆的空间分布上来看，北疆普通沙尘多发生在 12 月至第二年 1 月，日发生频率高值在凌晨 0～2 时，月频率高值在 4 日和 30 日左右，如图 1−5 所示；南疆普通沙尘多发生在 12 月和 4 月，高发时段为凌晨和傍晚，如图 1−6 所示。北疆强沙尘多发生在 12 月，月频率高值在 30 日左右，高发

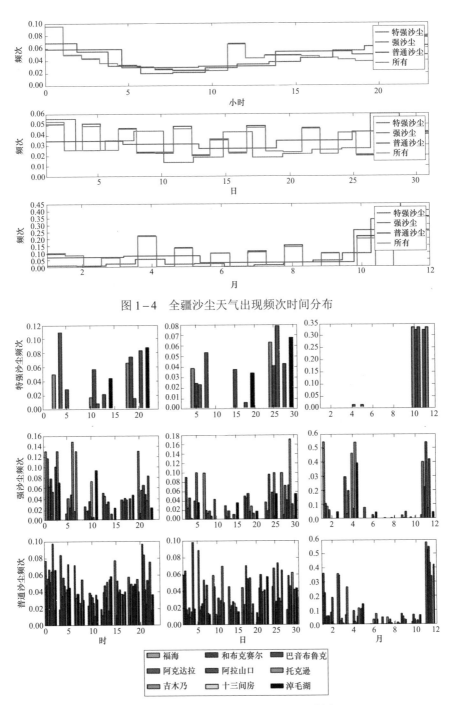

图 1-4　全疆沙尘天气出现频次时间分布

图 1-5　北疆不同等级类型沙尘出现频次

沙漠地区电力设备风害故障诊断技术

时段为凌晨和 20 时以后；南疆强沙尘多发生在 4 月，月频率高值区在 28 号至次月 5 号，高发时段与北疆相似。北疆特强沙尘主要发生在 11 月左右，月频率高值在 26 号和 6 号前后，高发时段为 5 时、10 时、20 时前后；南疆特强沙尘主要发生在 4 月和 11 月左右，月发生率高值在 6 日和 26 日左右，高发时段为 4 点、14 点和 20 点前后。

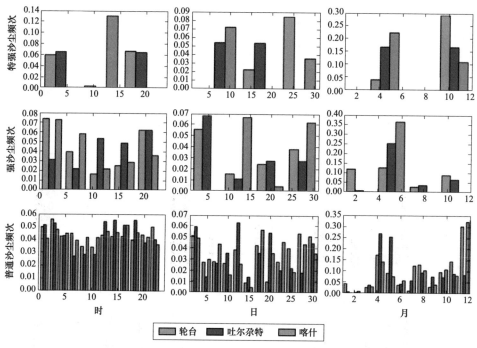

图 1-6 南疆不同等级类型沙尘出现频次

1.2.3 强风沙尘天气相关性分析

对大风天气和沙尘天气对比发现，过去 3 年在北疆基本呈现大风高发季节沙尘天气减少的现象：北疆沙尘天气都主要发生在冬季到第二年年初，而大风多发生在 3 月，在此期间沙尘天气很少出现，此后 4、5 月重新发生沙尘天气，直到 10 月初沙尘天气出现频率明显降低，如图 1-7 所示；而南疆大风与沙尘天气基本同时出现，5 月和 12 月前后均为大风和沙尘多发月份，如图 1-8 所示。此外，北疆大风多发日与强、特强沙尘天气有较好的对应关系，大风日沙尘天气发生时间很接近；南疆则无明显相关性。从日变化来看，北疆大风日发生频率比较均匀，高值区在中午，而沙尘天气在中午这段时间要比早上和傍晚发生的频率小一些，南疆大风天气和沙尘天气基本同时出现，但是随着大风天气的持续，沙尘情况逐渐减小，这种关系在上午时段比较明显。总体上发现，大风天气与沙尘天气基本上相伴相生，当日大风持续时间长时，该地区强和特强沙尘现象在大风结束时有所缓解。

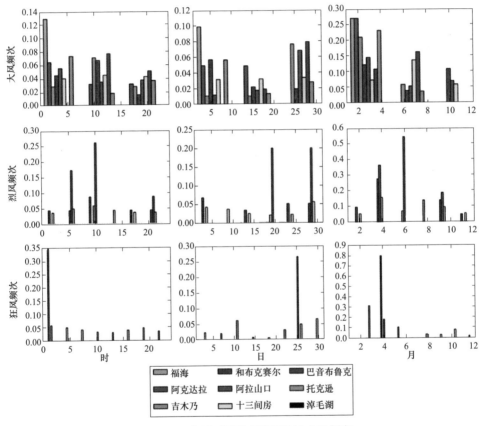

图 1-7　北疆不同强度等级风速出现频率

由大风强度和沙尘类型相关分析看出：烈风以上程度的风更容易诱发强沙尘，反而对特强沙尘有减少的作用。可能原因是在风速极大时，局部地区沙尘被快速带到其他地方。而大风和普通沙尘在季节变化上相吻合，大风频发的 2、4、12 月也正是普通沙尘频发的时间段。月变化和日变化上，大风与特强沙尘的变化图吻合度较高于狂风，吻合度最低为烈风。进一步表明烈风以上程度风有利于沙尘迁移，而大风有利于沙尘天气在局部地区的逗留。

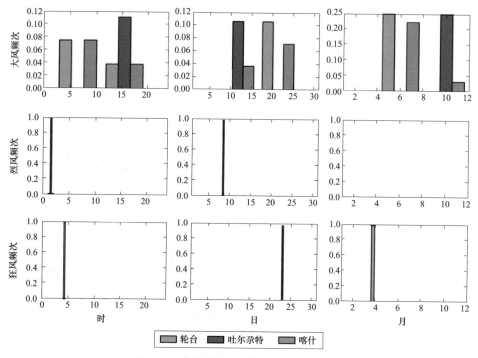

图1-8　南疆不同强度等级风速出现频率

1.3　主　要　危　害

从风害对输变电工程的影响类型来看，主要包括风偏跳闸、绝缘子和金具损坏、导地线断股和断线、杆塔损坏和变电站构架避雷器变形五大类。

1.3.1　风偏跳闸

风偏跳闸是输电线路风害的最常见类型，主要是指导线在风的作用下发生偏摆后由于电气间隙距离不足导致放电跳闸。风偏跳闸的本质原因是在外界各种不利的条件下，导线—杆塔空气间隙电气强度不足以承受系统运行电压所致。风偏跳闸的主要原因为：设计对恶劣气象条件的估计不足；局地强风是导致线路放电的直接原因；暴雨导致空气间隙的击穿电压降低。

风偏跳闸是在工作电压下发生的，重合成功率较低，严重影响供电可靠性。若同一输电通道内多条线路同时发生风偏跳闸，则会破坏系统稳定性，严重时造成电网大面积停电事故。除跳闸和停运外，导线风偏还会对金具和导线产生损伤，影响线路的安全运行。从放电路径来看，风偏跳闸的主要类型有：导线对杆塔构件放电、导地线线间放电和导线对周围物体放电等三种类型。其共同特点是导线或导线金具烧伤痕迹明显，绝缘子不被烧伤或仅导线侧1～2片绝缘子轻微烧伤；杆塔放电点多有明显电弧烧痕,放电路径清晰,如图1-9和图1-10所示。

图1-9　B相均压环放电痕迹

图1-10　B相横担放电痕迹

1.3.2　绝缘子和金具损坏

绝缘子和金具在微风振动和大风的作用下会发生金具磨损或断裂、绝缘子掉串、绝缘子伞裙破损等故障。

金具长时间承受不规则的风力交变荷载作用，造成金具疲劳损伤，会导致金具磨损、断裂。金具磨损会影响线路的安全运行，当发生断裂时会导致导地线掉线、绝缘子掉串等故障，造成线路跳闸和故障停运，严重影响电网安全。如图1-11所示，新疆某220kV线路中球头挂环裂纹有1处裂纹。

强风下复合绝缘子伞裙可能从根部发生不同程度环裂、破损，大风速、高风频区域是造成伞裙疲劳破损的主要外界条件，绝缘子伞裙过大和较软也是造成破损的原因。伞裙破损在大风区域呈普遍性。绝缘子伞裙破损会影响绝缘子的电气性能,严重时会造成沿面距离不足,导致放电跳闸和故障停运,如图1-12所示。

图1-11　线路地线及光缆挂点连接金具
（U形环）磨损局部图

图1-12　复合绝缘子伞裙破损

1.3.3　导地线断股或断线

　　导地线断股和断线是风灾事故的一种表现。断股是指导地线局部绞合的单元结构（一般为铝股）发生破坏。由于钢芯一般仍然完好，因此断股被发现之前导地线可能仍然处于正常运行状态。断线则是导地线的钢芯和导体铝股完全被破坏。断股或断线可由微风振动或大风引起。导地线在微风振动和大风作用下摆动会造成疲劳损伤，发生断股和断线故障。当断股达到一定数目时会对线路安全运行造成影响，断线时则会造成停运，严重影响电网安全。

　　在风的作用下，导线时刻处于振动状态，根据频率和振幅的不同，导线的振动大致可分为三种：高频微幅的微风振动、中频中幅的次档距振动和低频大振幅的舞动。三种振动中，导线微风振动发生最为频繁，同时也是造成输电线路损伤的主要原因。由于架空线常年暴露，风害引起的断股故障大部分集中在架空线的线夹和防振锤根部，小部分集中在架空线的中部或连接处。

　　导线应力分布不均，在受到顺线路大风的作用下整体摆动，长期疲劳断股。局部的瞬时大风也会使导地线局部机械特性发生突变，导致局部应力过大发生断线。一般情况下档距分布不均匀容易产生断线事故。

　　长期微风振动或大风摆动会造成导地线断股，若不及时发现并消除缺陷，则可能会造成断线。如图1-13所示，某220kV线路一基杆塔C相引流线从硬跳线头处断线。该区段为微气象区，周边为丘陵地形，两边山地将此杆塔夹在中间形成一个气流通道，提线板板头及断线处有磨损痕迹。分析原因为由于引流线在风的作用下发生摆动，磨损断线。

图 1-13 耐张引流线断线

1.3.4 杆塔损坏

杆塔损坏一般指倒塔事故。由于自然灾害的影响，输电线路的倒塔次数和基数呈现增长趋势塔是风灾事故最严重的后果，会造成输电线路长时间故障停运，且需要消耗大量的人力和物力进行恢复。

杆塔倒塔与风力、杆塔设计强度、杆塔结构、地理位置等因素息息相关。风力过大即最大风速超过了杆塔设计的抗风标准是造成杆塔倒塌的主要原因。其表现可分为杆塔强度不够引发的折杆现象以及塔基薄弱引发整体倾倒现象。其中对于塔基薄弱的杆塔，抗倾覆能力不满足特大风力时，将会出现不同程度的上拔现象，是造成铁塔倾倒的重要原因之一，如图 1-14 所示。

图 1-14 杆塔倒塌图

1.3.5 变电设备

沙漠地区的大风对变电站中电气设备及重要部件的影响主要有：

（1）沙尘天气可能引起户外变压器各引线剧烈摆动，长期作用下导致引线松动；飞扬的沙、石冲击打磨设备外表面，损坏设备表面漆层，影响其使用寿命。

（2）风力过大是设备损坏的客观因素，易使设备瓷柱摇摆、断裂，从而造成停电事故，如支柱绝缘子断裂等。

（3）当变电站内存在一定风速条件下会产生避雷针结构上的共振，在长期共振作用下，避雷针法兰螺栓或焊接处会出现金属疲劳，长期的疲劳导致彻底断裂，最终导致避雷针倾倒。

（4）引起户外隔离开关动静触头的卡塞、阻塞，影响隔离开关合闸不到位，或动静触头保护层破坏；细微沙尘进入设备操动机构箱或端子箱、仪表等处，影响控制设备的正常功能。

第 2 章

沙漠风害对电力设备影响的
研究现状

新疆地区有着丰富的太阳能和风能资源，但是区域存在的强风和干旱沙尘极端环境，给电网建设及运行维护带来了巨大挑战。新疆的风害对输变电设备的影响，往往伴随沙尘的侵蚀作用。国内外沙漠风害的研究，主要关注沙尘天气对大气环境的影响，研究者们通过卫星遥感、激光雷达和现场采集等方法获取沙漠区域沙尘的理化特性、物质来源、传输途径以及危害影响等。在沙漠风害造成的输电问题方面，国内外主要集中研究输变电外绝缘、设备损伤等方面。

随着"一带一路"倡议以及全球能源互联网的推行，中国与中亚国家直流联网工程陆续开始规划建设，沙漠区域风害对电网建设及运行维护的问题亟待解决。

2.1 沙漠地区输变电工程外绝缘问题

1. 风速影响

沙漠区域风速较大，持续时间长。以新疆为例，从新疆达坂城区域某监测站获取的数据如图 2-1 所示，极大风速＞45m/s，最大风速＞33m/s。在这种风速情况下，现有的输电杆塔设计无法满足沙漠风区的防风要求。相关设计研究工作需要根据实际进行展开，需要根据电网规划，系统布置气象观测站，根据气象观测数据，以及线路走廊地形、地貌等对风速的影响，正确选取最大风速、风压不均匀系数、风速高度换算系数。

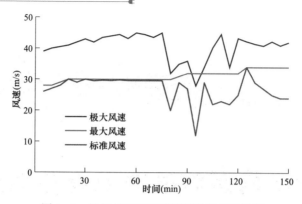

图 2-1　达坂城地区某监测站现场风速数据

2. 强电场影响

J. Latham、郑晓静等和屈建军等指出沙尘电场主要是由带电运动沙粒形成的，并且较小的沙粒（250μm）容易通过摩擦带上负电荷。许多研究随之而来，包括沙尘电场环境下空气间隙击穿特性、导线电晕特性、绝缘子表面闪络特性和输电线路损耗等方面，以及含沙尘间隙的放电理论方面等探索工作。可采用风洞试验和多物理场数值模拟相结合的方法，总结环境（风速、电场、气象条件）、荷电沙尘（粒径、成分、浓度和荷电特性）、绝缘子特性（结构、材质和表面特性）等因素对空气间隙击穿特性、导线电晕特性、绝缘子表面闪络特性的影响。

3. 高盐密影响

有关沙漠区域沙尘的理化特性研究，主要是高庆先等团队和李娟的报道。只有少数研究者针对沙尘污秽开展研究，如沈志舒等指出乌鲁木齐输电线路绝缘子的表面污秽属于典型高钙特性的污秽，并且发现污秽受塔克拉玛干沙漠的影响，但是相关研究仍然是关注污源的分析。沙漠区域多数风力较大，有一定的自洁性，沙尘污秽仍然是电力外绝缘的重点问题。需要收集沙漠区域沙尘污秽的分布规律，针对典型沙尘污染情况及分布特征，研究污秽在特高压线路外绝缘子表面的沉积机理，分析典型绝缘子污秽物［等值盐密（ESDD）和等值灰密（NSDD）主要成分及含量］的相应含量，分析并总结典型污秽对绝缘子闪络电压、泄漏电流的影响规律，实现对典型绝缘子污秽状态的评估。

2.1.1　空气间隙和绝缘子放电特性

新疆强风沙尘环境对电力系统的外绝缘研究一直受到研究者的重点关注。研究者们注意到了沙尘粒径及相关成分对输电外绝缘的影响，并且解释了放电流注和颗粒物之间相互作用的机理机制。

沙尘污秽具有高盐密特性。高庆先等分析了中亚沙尘源区典型地区沙尘气溶胶的理化特性，指出中亚沙尘的主要源区是塔克拉玛干沙漠等区域。李娟发现沙尘气溶胶具有高浓度、高硫、高钙的鲜明特性，证实了该沙漠区域是古地中海隆起形成的；沙尘中 PM2.5 和总悬浮微粒（total suspended particulate，TSP）的可溶性离子平均体积质量的总和分别为 $67.17\mu g/m^3$ 和 $202.72\mu g/m^3$，浓度较大的 Ca^{2+}、Na^+ 离子是盐密的重要成分，这些离子在湿润条件下在绝缘子表面形成导电层，是绝缘子表面闪络的主要原因。

在试验研究方面，针对沙尘天气对空气间隙击穿影响，M. I. Qureshi 等模拟了沙尘气象环境，试验研究了 5~125cm 多种间隙的雷电冲击 50%击穿电压 U_{50} 以及击穿时延。A. A. Al-Arainy 等研究了沙尘的成分及极性效应对不均匀间隙冲击击穿的影响，详细分析了沙尘粒径、矿物成分、空气间隙等影响因素。邓鹤鸣等对比研究了 20~45cm 间隙的雷电冲击击穿电压和放电路径对沙尘与空气的选择概率，如图 2-2 所示，分析了大粒径的石英砂对伏秒特性和放电通道的影响，

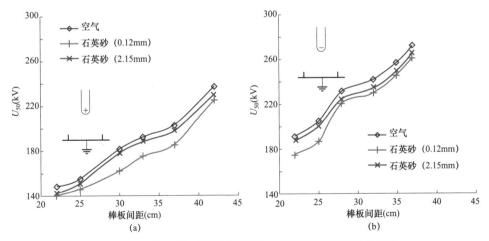

图 2-2　不同石英砂颗粒粒径下 U_{50} 随棒板间距的变化趋势

（a）正极性电压；（b）负极性电压

17

并推测这些大粒径的沙粒会促进流注放电的发展。针对沙尘天气对导线电晕的影响，华北电力大学刘云鹏课题组设计了风沙条件下导线电晕模拟试验系统，分析了沙尘颗粒对分裂导线电晕的影响程度，沙尘颗粒使导线周围电场产生严重畸变，在沙粒接近导线时，沙尘颗粒表面场强增加为无沙尘条件下原场强的 2 倍左右。沙尘条件下导线电晕放电强度明显增强，并且沙尘粒径与电晕放电强度及电晕损耗呈正相关关系。

针对沙漠区域绝缘子表面闪络以及绝缘子选型，J. R. Laghari 等认为沙尘的成分和粒径均对沿面击穿有不同的影响，其中导体颗粒可极大程度地降低绝缘材料表面的击穿电压。F. M. Zedan 总结了沙漠区域高压绝缘子性能研究的方法，提出适合沙漠区域的绝缘子型式并进行相关试验，并在沙特阿拉伯的海岸线以及近海岸线附近区域进行了这种型式绝缘子的试用以及相应的总结分析。B. A. Arafa 等研究了沙尘天气下绝缘子闪络特性，指出了带电的沙尘颗粒使绝缘子闪络电压明显降低，并且在直流电压下闪络电压下降的幅度较大；对比研究了极端沙尘暴天气对瓷绝缘子和复合绝缘子性能的影响，认为复合绝缘子极大程度地提高了绝缘子串的闪络电压，他们的成果在 CIRGE 会议上进行了重点报道。司马文霞等为了解沙尘对电力系统外绝缘的影响，模拟了沙尘环境，实验研究了沙尘对空气间隙和绝缘子放电特性的影响。B. He 等搭建了沙尘风洞试验场，研究了沙尘在绝缘子上的沉积行为，指出风速、时间以及沙尘物质成分、颗粒大小均影响着沙尘的沉积行为。

在放电机理研究方面，国内外研究者进行了尝试研究，模拟间隙一般约为0.2cm，J. Halbritter 研究沙尘污染物存在的绝缘表面放电时，发现多种污染物有助于电子崩的形成。N. Yu Babaeva 等建立了 nonPDPSIM 模型，模拟了沙尘颗粒对流注发展的影响，分别探讨了粒径（25～80μm）、形状和微粒的材料特性对正流注和负流注发展行为的影响，如图 2-3 所示。

H. Deng 等在总结大量实验数据的基础上，分析认为流注和介质颗粒物之间相互作用一般经历 3 个阶段（见图 2-4），并以正流注的发展为例进行了相关阐述：

第一阶段，正流注前端接近颗粒物时，流注前端的电场加大了介质颗粒的极化，大大增强了颗粒物附近的电场。

第二阶段，流注到达颗粒物的表面，流注中的正、负离子会被颗粒物俘获，在一定程度上削弱了流注的发展。

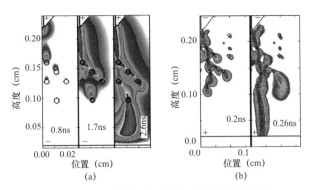

图 2-3 颗粒物存在环境的流注发展模拟图

（a）正极性流注；（b）负极性流注

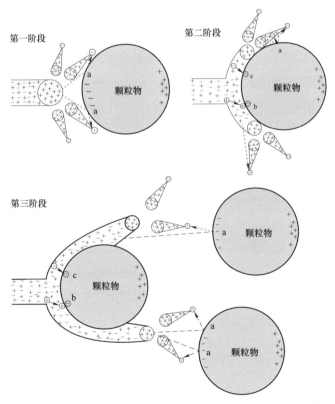

图 2-4 颗粒物存在环境流注发展过程中粒子行为的示意图

第三阶段，流注离开颗粒物向下一个（或多个）颗粒物发展时，可能会引起流注的树枝状发展，并且指出颗粒物的介电常数、体积分数和颗粒粒径等因素均可能引起流注发展的变化。

2.1.2　沙尘暴对输电设备电位的影响

沙尘暴发生时，会形成高电位和强电场，引起电磁干扰，同时抬升输电线路的导线电位。早期的报道见英国的 P. E. Shaw、E. W. B. Gill 和 J. Latham 等研究者的工作。

沙尘的强电场成因方面，存在着 2 种观点，即 J. Latham、郑晓静等和屈建军等的带电运动沙粒不对称摩擦成因假说和 D. S. Schmidt 等的地表静止沙粒成因假说。E. W. B. Gill 发现沙尘暴形成了强电场，在局部区域可能会发生放电现象，这种强电场干扰了无线电波的传播。J. Latham 发现了沙尘暴中运动沙粒的起电现象，不同粒径沙粒之间不对称摩擦运动导致强电场的产生，大沙粒（温度较低）与小沙粒（温度较高）之间相互摩擦将使小沙粒所带正离子传到大沙粒，导致不同极性电荷转移输送，因而使大沙粒带正电荷，小沙粒带负电荷，小沙粒上扬后形成了电场。D. S. Schmidt 等在沙尘天气环境跟踪研究了沙尘电场的形成情况，并且在 12m/s 风速下的离地 1.7cm 的沙面处测出最大电场强度为 166kV/m。有关沙尘暴起电的问题，国内研究起步较晚，郑晓静等利用风洞模拟了沙尘暴天气，测试得出了沙粒所带正电或负电的临界粒径为 250μm，该结果证实了 J. Latham 的沙粒带电的起因假设，即沙尘电场主要是由带电运动沙粒形成的，与 D. S. Schmidt 等认为沙尘电场由地表静止沙粒形成的观点相左。在实验室数据的基础上，郑晓静等详细研究了带电沙粒的散射电场及对电磁波传播的影响。屈建军等建立了大型风洞，并进行了沙尘暴起电研究，相关结果与 J. Latham 和郑晓静等的结论相似，其测量结果认为 100～200μm 粒径的细沙产生的电场强度最大。

有关沙尘暴对输电设备电位影响的研究尚处于起步阶段。屈建军等利用大型风洞进行了沙尘暴对导线电位影响的模拟实验，如图 2-5 所示，指出了导线电位随风速 v、输沙量、沙粒粒径 r、导线材料和直径等相关，其中导线电位与风速和输沙量呈指数递增关系，导线电位与高度的变化和粒径正相关关系。

唐秋明等建立了绝缘子表面的风-沙-电耦合场模型，仿真研究了沙尘流对高压绝缘子电位以及电场分布的影响，指出高压绝缘子表面不同的沙尘空间分布以及沉积情况会影响绝缘子的沿面电位和电场畸变，绝缘子局部电位分布及电场增大 9～16 倍，增加了绝缘子表面闪络的风险。

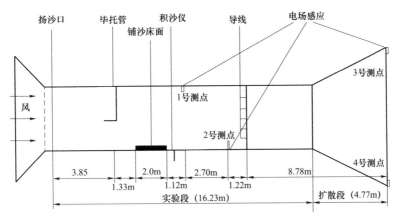

图2-5　导线风洞实验布置示意图

2.1.3　输电线路的导线风偏

风偏问题是输电线路的痼疾之一，国内外工程研究者们长期开展相关的研究工作，主要包括风偏角模型、风偏闪络分析以及风偏治理等方面的研究，但是涉及沙漠区域输电线路导线风偏的研究资料相对较少。

邵瑰玮等在对比国内外的资料基础上，发现国内外工程人员在设计过程中，采用相同的风偏角计算模型及计算公式，但参数的选取以及相关的计算存在差异。国内外均认为决定风偏角设计的关键因素包括最大风速、风压不均匀系数、风速高度换算系数的选取以及线路走廊地形、地貌等对风速影响大小的评估；相对国外的资料，按照国内相关规程给出的参数计算得出的风偏角偏小，安全裕度相对较低，根据国外的参数进行设计，无法完全解决国内输电线路的风偏问题。严波等仿真分析了不同档距、不同线路高度、不同高差的高压输电线路在不同平均风速随机风场作用下风偏的响应时程，以及风偏角的统计规律，提出了基于利用风荷载调整系数的悬垂绝缘子串风偏角计算公式的修正方法。王声学等基于风偏角计算模型，分析了静态受力平衡算法存在的问题，指出了风压不均匀系数以及绝缘子风偏引起的电场畸变等因素均对风偏角计算有一定的影响。贾伯岩等通过风洞试验分析风速、风向等参数对复合绝缘子风偏以及闪络电压的影响。楼文娟等考虑支座相对高差、绝缘子串长度、几何非线性效应和风致气动阻尼等因素的影响，建立了连续多跨输电线路动态风偏的计算模型，并考虑了气动阻尼的导线风偏非线性动力控制方程，采用非线性瞬态分析方法求解输电线路的动态风偏响应，考察了输电线路的运动引起的气动阻尼对动态风偏响应影响，提出了能将风偏角限制在一定范围内的柔性抗风偏闪络装置，并研究了这种限位装置在导线风偏冲击下对输电杆塔的影响，如图2-6所示。

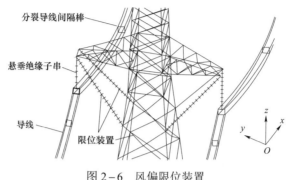

图 2-6　风偏限位装置

2.2　输变电设备的风沙故障

1. 输变电构架设备

沙漠区域风速较大，持续时间长，并且沙尘具有高盐特性，这些因素均影响着沙漠区域输变电构架设备的使用寿命。首先需要建立风洞环境来模拟沙漠区域环境，需要考虑风、沙的综合效应，研究输电塔线耦合体系、构架避雷针等风致振动特性，需要考虑风速、时间和腐蚀等因素的影响，在这些条件的基础上，才能合理地进行输变电构架设备的风振疲劳和寿命评估。

沙漠区域风积沙地基的物理特性明显，输电线路的基础设计与建设需要考虑风积沙的特点外，还需要考虑后期运行需要长期考察风速条件下输电塔线耦合体系的稳定性，建立典型区域风积沙地基的监控点，根据监测数据，评估输电塔线耦合体系的稳定性，为输电线路的基础设计与建设提供数据。

2. 导线金具

沙漠区域导线金具磨损相关研究较少，仅见杨现臣和芦信的研究报道。研究沙漠区域的导线金具磨损，首先需要建立沙漠区域模拟环境，开展风振作用下导线金具以及相关部件的疲劳磨损试验、模拟强风沙输变电导线金具力学仿真试验，研究考虑沙尘参与的导线金具磨损过程，分析导线金具的自振特性、风振响应，以风速和腐蚀时间为随机变量评估导线金具的寿命，并在其基础上，选择适用于沙漠区域的导线金具材料。

2.2.1　复合绝缘子的伞裙撕裂

复合绝缘子伞裙撕裂是强风区域输电线路的常见问题之一。当风速＞35m/s时，复合绝缘子伞裙发生高频大幅振动，导致伞裙根部应力集中非常严重，常规绝缘子硅橡胶材料耐疲劳性能较差，在强风中绝缘子伞裙出现的大幅振动状况直接导致伞裙根部承受严重的应力集中问题，长期载荷作用下应力疲劳状态的伞裙将在根部出现微裂纹，进而扩展为深度裂纹，贯穿伞裙根部最终导致伞裙撕裂。为了防止复合绝缘子的伞裙根部应力集中过大而导致的撕裂，就要阻止伞裙产生较大的形变。

清华大学贾志东课题组采用有限元仿真和风洞实验相结合的方法，对绝缘子迎风角、伞径组合方式、伞径、风速等因素进行了研究，迎风角为 50° 时，伞裙上下表面的风压差最大，V 形串的背风侧绝缘子的伞裙相对容易起振，伞裙摆动幅度最大可达伞间距的 79%，伞裙局部结构导致的气流畸变是导致伞裙大幅摆动直至疲劳断裂的主要外部因素；同时开展了抗风对称伞形、非对称伞形和大小大伞型周围流场分布、风压分布、以及结构参数变化时的伞裙形变，得到的结果可作为抗风型复合绝缘子设计的理论基础。

2.2.2　输变电构架设备损伤

有关输电塔线风致振动方面的研究相对较多，主要在跨江输电、跨海输电、特高压输电等方面的研究，但是涉及沙漠区域输电线路风振的研究资料相对较少。郭勇等以舟山 220kV 大跨越输电塔为研究对象，建立了塔线耦合体系的空间有限元模型，塔线体系风振响应的时域分析并进行了气动弹性模型的风洞试验。李正良等以 1000kV 汉江大跨越特高压输电塔线体系为研究对象，设计了输电塔气动弹性模型，进行了气弹模型风洞试验，进行了三维多变量脉动风场模拟，指出了塔线体系的耦合作用使体系顺风向的加速度响应和位移响应均高于单塔值，设计过程中塔线体系的耦合作用不可忽略。汪之松以 1000kV 双回路特高压输电塔线为研究对象，建立了特高压钢管输电塔的风荷载模型，系列研究了风致振动特性、塔线耦合体系气弹性风洞试验以及风振疲劳等问题。夏莹沛仿真计算了输电线路涡致振动与尾流效应。张春涛注重环境腐蚀和风振疲劳耦合作用对输电塔线体系疲劳性能的影响，并采用自适应响应面法以腐蚀时间和风速为随机变量分析了输电塔线体系的疲劳可靠性。

在变电构架设备损伤方面，王建等收集了沙漠地区构架避雷针损伤的相关信息，其中某变电站避雷针事故现场情况。他们结合 DL/T 5457—2012《变电站建筑结构设计技术规程》进行了深度分析：在风荷载和涡激振动的共同作用下，这种典型圆柱金属管的避雷针长期处于驰振状态，这种状态下容易产生形变；构架避雷针采用法兰连接，法兰的材料、结构、形状、焊接工艺以及法兰螺栓均影响着法兰的承载能力，风载作用下容易在法兰附近产生应力集中；长期载荷的应力疲劳状态下出现螺栓松动或断裂、并在法兰焊接部分出现微裂纹，进而扩展为深度裂纹，最终出现损伤倾倒事故。

在沙漠区域输电杆塔设计与施工方面，刘文白等根据沙漠区域风积沙的特点，通过模型试验和现场型试验的位移、土中应力、破坏形式测试，提出了风积沙的上拔破坏机理和设计计算模式，但没有考虑拉拔—水平组合荷载工况。中国电力科学研究院程永锋课题组调研了我国沙漠地区风积沙地基的物理力学性质，分析了风积沙地基的含水性、容重、孔隙性、相对密度、内摩擦角等物理参数，进行了输电线路装配式基础的真型试验，得到了上拔与水平荷载、下压与水平荷载联合作用下的承载变形特性、基础构件的应变特性、基础底板与风积沙地基之间的接触压力变化规律，确定了沙漠地区风积沙地基装配式基础的地基承载力和上拔角取值。这些研究为沙漠地区输电线路装配式基础的设计和优化提供了技术支持，一定程度保证了沙漠区域输电杆塔的安全稳定。

2.2.3 导线金具磨损

在金具损伤方面，张丽等以南京三江口长江 500kV 大跨越输电线路绝缘子导线金具为研究对象，分析了自振特性、风振响应，以及静风载荷作用下的结构响应和风振疲劳，估算输电线绝缘子金具在风振作用下的疲劳寿命。杨现臣等对 U 形环进行实物摇摆磨损试验及实物破坏载荷试验，探讨了金具磨损与大风之间的关系。

第 3 章

输 电 线 路 设 备

3.1 导 线 风 偏

750kV吐鲁番—哈密交流线路第一线和750kV吐鲁番—哈密交流线路第二线（简称吐哈一、吐哈二线）全线平行架设，平均海拔1000m，其地形为戈壁。气候类型为大风气候，常年主导风为西北风，平均风速为10m/s，常年气温在−13～40℃，年平均降水量1.5mm。

2014年4月22日夜间到24日，受强冷空气影响，新疆北疆各地、天山山区、哈密等地出现以大风、降温为主的寒潮天气，北疆、东疆气温下降8～10℃，塔城、阿勒泰、昌吉州东部、哈密等地降温达10～15℃，南疆大部出现沙尘暴和大风天气。北疆、东疆大部出现重霜冻和6级左右西北风，风口风力10～11级，"三十里风区""百里风区"的瞬间最大风力达12级以上。

2014年4月23日9时1分1秒，吐哈一线B相故障跳闸，重合不成功，10时22分，750kV哈吐一线恢复运行；10时53分37秒，750kV吐哈一线B相再次故障跳闸，重合不成功，11时17分，750kV哈吐一线恢复运行；11时18分57秒，750kV吐哈一线再次发生B相接地故障跳闸，重合不成功。

2014年4月23日9时55分27秒，吐哈二线B相故障跳闸，重合不成功，10时47分，750kV吐哈二线恢复运行；11时44分03秒，750kV吐哈二线B相故障跳闸，重合成功；11时44分14秒，750kV吐哈二线B相再次故障跳闸，重合不成功，4月25日05时16分，750kV哈吐二线恢复运行，见表3−1。

表 3-1   故 障 基 本 情 况

电压等级（kV）	线路名称	跳闸发生时间	故障相别（或极性）	重合闸/再启动保护装置情况	强送电情况		故障时负荷（MW）	备注
					强送时间	强送是否成功		
750	吐哈一线	2014 年 4 月 23 日 9 时 1 分 1 秒	左边相（B 相）	重合闸不成功	23 日 10 时 22 分	是	646.118	
		2014 年 4 月 23 日 10 时 53 分 37 秒		重合闸不成功	23 日 11 时 17 分	是		
		2014 年 4 月 23 日 11 时 18 分 57 秒		重合闸不成功	25 日 04 时 32 分	是		
750	吐哈二线	2014 年 4 月 23 日 9 时 55 分 27 秒	左边相（B 相）	重合闸不成功	23 日 10 时 47 分	是	373.24	
		2014 年 4 月 23 日 11 时 44 分 03 秒		重合闸成功	——			
		2014 年 4 月 23 日 11 时 44 分 14 秒		重合闸不成功	25 日 05 时 16 分	是		

750kV 吐哈一、吐哈二线全线设计风速为 28、31、35、36、40m/s 五种，其中故障区域设计风速为 28m/s。

通过现场巡线，最终确定故障杆塔为，吐哈一线 326 号、吐哈二线 326 号，如图 3-1～图 3-3 所示。

图 3-1   4 月 23 日 750kV 吐哈二线 326 号塔现场风偏情况

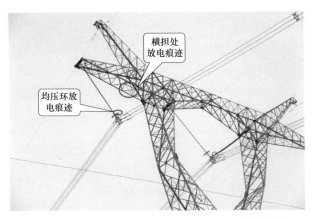

图 3-2 吐哈一线 326 号 B 相（左边相）放电路径

图 3-3 吐哈二线 326 号 B 相（左边相）放电路径

线路故障区域为温带大陆类型气候区域，2～10 月大风天气较多，常年平均风速为 9m/s，最大风速超过 45m/s，年平均大风日数超过 100 天，平均湿度为 60%。故障时刻现场 10m 高度 10min 平均最大风速 35m/s，风向为北风，风向与导线成一定夹角，范围为 75°～90°。

根据对当地群众的走访，故障发生时，故障区域无雷电活动，接地装置良好，在吐哈一、二线 326 号塔附近国网新疆电力有限公司雷电定位系统没有落雷记录，且闪络点位于导线端均压环及相对应塔身位置，排除了雷击跳闸的可能。

线路故障时间为 4 月份，当日气温基本在 0～10℃，无覆冰的可能性，排除了冰闪及舞动的可能。根据线路故障区段周围环境及现场情况，结合超高压线路运维经验，初步判定局部地区龙卷风强对流天气造成导线及绝缘子串向塔身侧倾斜（风偏），造成导线与塔身最小空气间隙不能满足运行要求而引起的空气击穿，从而造成线路跳闸。

综上所述，本次故障为大风天气直线塔左边相（B相）绝缘子对塔身放电造成线路跳闸。

3.1.1 风偏故障点数据分析

2014年4月23日，故障区段天气情况为：大风天气，气温为3～10℃，风向为北风，风力12级，最大平均风速为42m/s，短时大风为44m/s，相对湿度41%RH，气压为904.2Pa。故障时段，距故障点20km的红台气象站在故障时段观测的气象数据见表3-2。

故障区段附近吐哈一线296号塔安装微气象装置，距326号故障塔位为14km，该在线监测装置监测到的气象数据见表3-3。

表3-2 故障时段天气

气象台站名称	监测时间	最大平均风速（m/s）	短时大风（m/s）	风向	气温（℃）	相对湿度（%RH）	气压（hPa）	雨强（mm/min）	有无冰雹
红台气象站	9～12时	39	44	北	3～10	41	905.3	0	无

表3-3 故障区段周边微气象在线监测装置信息

监测时间	安装的杆塔号	安装的对地高度（m）	距故障点距离（m）	最大平均风速（m/s）	短时大风（m/s）	风向	气温（℃）	降雨量（mm）	相对湿度（%RH）	气压（hPa）
23日9时13分～11时20分	296	32	14 490	吐哈二线36.7（m/s）/10分	吐哈二线42.8m/s	北风	2.4	0	41	905.3

通过中尺度数值预报技术，得到了故障杆塔在故障发生时前后一段时间内的风速，如图3-4所示。4月22日全天，故障杆塔附近平均风速较低，在5m/s以下，4月23日0～6时，平均风速仍维持在5m/s以下，到了6～12时，平均风速飙升至接近30m/s，随后风速逐渐下降，每隔6h，分别下降至29.23、22.81、6.54、2.87、3.02m/s。

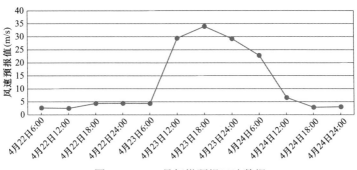

图 3-4　326 号杆塔预报风速数据

　　图 3-5 所示为 326 号杆塔在 4 月 23 日的风速数据。从 8 时 30 分开始，风速从 29.8m/s 开始增加，到 9 时，风速达到了 33.407m/s，此后的 1h 内，风速一直保持在 33m/s～34m/s。750kV 吐哈一线和吐哈二线发生风偏跳闸的时间分别为 9 时 1 分 1 秒和 9 时 55 分 27 秒，两个时刻的风速分别为 33.259m/s 和 33.975m/s。

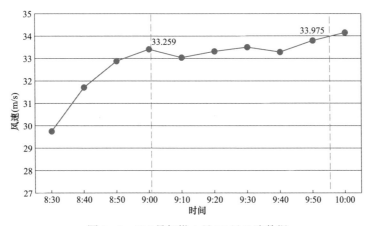

图 3-5　326 号杆塔 4 月 23 日风速数据

3.1.2　故障点风偏理论结果分析

　　根据 GB/T 50545—2010《110kV～750kV 架空输电线路设计规范》，在海拔高度不超过 1000m 的地区，在相应风偏条件下，750kV 线路带电部分与杆塔构件（包括拉线、脚钉等）的最小间隙，限值见表 3-4。

表 3-4　　　　　　　　　　750kV 带电部分与杆塔构件
（包括拉线、脚钉等）的最小间隙　　　　　　（m）

标称电压（kV）		750	
海拔高度（m）		500	1000
工频电压	Ⅰ串	1.80	1.90
操作过电压	边相Ⅰ串	3.80	4.00
	中相Ⅴ串	4.60	4.80
雷电过电压		4.20（或按绝缘子串放电电压的 0.80 配合）	

故障杆塔型号为 ZB131P，呼高 40m，导线的型号为 LGJK-310/50，边相串型为Ⅰ串，绝缘子串型号为 FXBW-750/210，左右两边水平档距分别为 300m 和 540m，与左右两边杆塔的高度差分别为 5m 和 27m。利用规程公式计算出的结果，绘制风速与最小空气间隙的关系曲线，如图 3-6 所示。

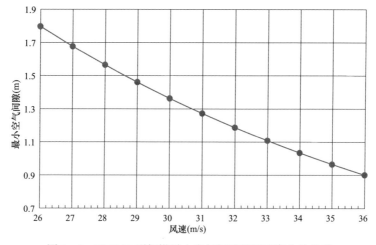

图 3-6　ZB131P 型杆塔最小空气间隙随风速变化的关系

将风洞试验得出的风速与最小空气间隙的关系和计算值进行对比，如图 3-7 所示。可以看出，风洞试验的拟合结果和计算结果误差较小，即风洞试验的拟合结果验证了利用公式计算最小空气间隙的正确性。

由此可以用上述两种方法计算出 2014 年 4 月 23 日，故障发生时间段内，风偏最小空隙间隙的变化情况，如图 3-8 所示。9 时 1 分 1 秒，吐哈一线故障发生时刻，计算结果和风洞试验拟合的绝缘子和杆塔的最小间隙距离分别为 1.10m 和

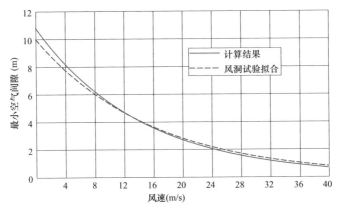

图 3－7　最小空气间隙随风速变化的关系计算结果与风洞试验拟合对比

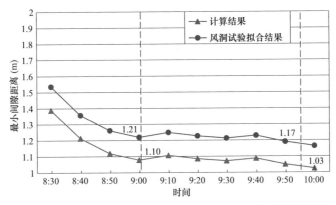

图 3－8　故障发生时故障杆塔最小空气间隙随时间变化的关系

1.21m，9 时 55 分 27 秒，吐哈二线故障发生时刻，绝缘子和杆塔的最小间隙距离为 1.03m 和 1.17m。两次故障发生时刻，规程公式计算结果和风洞试验拟合结果表明，最小间隙距离均小于 750kV 杆塔要求的工频电压最小间隙距离 1.8m，具备了发生风偏放电的必要条件，与实际情况相符。

3.1.3　输电线路风偏预警模型

输电线路风偏是影响电能安全可靠供应的重要因素，现有的风偏治理措施如采用延长金具加绝缘子的形式、新加工跳线支架形成跳线串独立双挂点、加装重锤或加装氟硅橡胶导线护套使跳线绝缘等，目前对于已投运的线路很难完全实现，而且仅依靠一次系统投资来抵御大风引起的风偏放电既不经济也不合理，还必须与二次系统的安全评估及预警理论体系和停电防御系统的优化相结合。

采用基于中微尺度的数值天气预报数据，结合输电线路杆塔结构、绝缘子规格等台账信息，计算每一基杆塔的风偏闪络电压，并与运行电压进行对比，实现对线路风偏进行在线预警，可为电网运行人员提供科学的决策依据，提前采取避险措施，从而降低甚至消除风偏跳闸对系统运行和供电可靠性的影响。

1. 风偏闪络电压计算

线路发生风偏跳闸的本质是，大气环境中出现的各种不利条件（如强风、降雨等），造成线路与杆塔间的空气间隙减小，当间隙的绝缘强度不能承受系统运行电压时就会发生击穿放电。输电线路在风偏状态下至塔身的最小空气间隙 d 可以通过悬垂绝缘子串的风偏角 θ 及杆塔结构参数计算得到。悬垂绝缘子串风偏角与其所受的侧向风速正相关，风速越大，风偏角越大，线路至塔身的最小空气间隙 d 也就越小。降雨强度对间隙距离的绝缘强度有影响，特别是在暴雨情况下，雨水在大风的引导下很可能形成与放电方向相同的雨线，而雨水的介电常数比空气的大很多（约为80:1），使得放电间隙中雨滴颗粒附近的空间场强增强，导致空气间隙放电电压降低。可见，风偏放电主要与风速、降雨强度这两个气象参数有关，同时还与线路和杆塔的具体结构参数紧密相关。

利用具体气象数据和线路参数计算输电线路的最小空气间隙 d。在此基础上，根据不同空气间隙距离条件下击穿电压的实验数据外推出空气间隙距离为 d 时的击穿电压 $U_{50\%}$，见表 3 – 5。并进行降雨量的修正，得到预报条件下的风偏闪络电压。

表 3–5 　　　　　　　　　　不同雨强下气隙的击穿电压　　　　　　　　　　（kV）

间隙距离 d（m）	无雨	降雨强度 δ_r（mm/min）			
		2.4	4.8	9.6	14.4
0.6	252.6	205.9	198.4	191.0	187.6
0.8	301.5	269.5	261.2	254.6	250.5
1.0	343.6	314.8	306.5	298.6	295.1
1.2	399.2	351.4	343.9	337.5	334.2

降雨对击穿电压的影响程度与降雨强度、雨水电阻率和雨水运动路径等因素有关，常选取影响最大的降雨强度 δ_r 进行击穿电压的修正。

根据表中的数据，在间隙距离一定的条件下，分别计算不同降雨强度时空气间隙的击穿电压与无雨时击穿电压的比值，见表 3－6。

表 3－6　　　　　　　不同雨强下气隙的击穿电压与无雨时的比值　　　　　　　（kV）

间隙距离 d（m）	比值			
	2.4	4.8	9.6	14.4
0.6	0.815 1	0.785 4	0.756 1	0.742 7
0.8	0.893 9	0.866 3	0.844 4	0.830 8
1.0	0.916 2	0.892 0	0.869 0	0.858 8
1.2	0.880 3	0.861 5	0.845 4	0.837 2

通过作图发现降雨强度对同一电压可击穿间隙临界长度的增长比的影响符合 Gauss 函数关系，采用 Gauss 公式依次对不同雨强下的降雨强度修正系数 k 进行拟合，拟合系数见表 3－7，k 可表示为

$$k = a\mathrm{e}^{-\left(\frac{d-b}{c}\right)^2} \tag{3-1}$$

表 3－7　　　　　　　　　　k 的 Gauss 拟合系数

降雨强度 δ_r（mm/min）	a	b	c	拟合优度
2.4	0.917	0.977 2	1.1	0.999
4.8	0.892 7	0.992 2	1.098	0.999
9.6	0.872 2	1.006	1.079	0.997
14.4	0.861 5	1.014	1.08	0.998

经过降雨量修正后，得到输电线路风偏闪络电压预测值 U_f 为

$$U_f = kU_{50\%} \tag{3-2}$$

值得注意的是，目前气象预测内容中没有降雨强度的信息而只有降雨量或降雨等级信息，它们的对应关系见表 3－8。

表 3－8　　　　　　　降雨等级、降雨量以及降雨强度之间的对应关系

降雨等级	日降雨量（mm）	12h 降雨量（mm）	6h 降雨量（mm）	降雨强度（mm/min）
大雨	25.0～49.9	15.0～29.9	6.0～11.9	1.00～2.67
暴雨	50.0～99.9	30.0～69.9	12.0～24.9	2.68～4.24
大暴雨	100.0～249.9	70.0～139.9	25.0～59.9	4.25～6.25
特大暴雨	≥250.0	≥140.0	≥60.0	≥6.26

根据气象部门提供的预报风速计算线路与杆塔的最小空气间隙，外推出无降雨条件下的击穿电压；再通过查询表3-8确定对应的降雨强度，完成击穿电压的修正，得到预报天气条件下输电线路每一基杆塔的风偏闪络电压。

2. 风偏闪络预警等级划分

对照已有的电网灾害风险预警研究成果，结合风偏闪络历史运行数据，对预警等级划分见表3-9。

表3-9 输电线路风偏闪络预警等级划分标准

风险指标	$U_f > 1.1U_{op}$	$0.9U_{op} < U_f \leq 1.1U_{op}$	$0.8U_{op} < U_f \leq 0.9U_{op}$	$U_f \leq 0.8U_{op}$
风险等级	I 级	II 级	III 级	IV 级
	安全	黄	橙	红

将预测的风偏闪络电压 U_f 与系统运行电压 U_{op} 进行对比，按照表中划分的预警等级区间，确定预报条件下风偏闪络预警等级。

3. 风偏闪络预警方法

基于数值天气预报数据提出的输电线路风偏闪络预警方法可分为以下4个步骤，具体流程如图3-9所示。

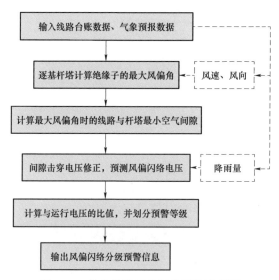

图3-9 输电线路风偏闪络预警流程图

（1）输入线路台账数据（如杆塔尺寸、金具重量）以及气象预报数据（如风速、降水）；

（2）计算中绝缘子串风偏角 θ；

（3）计算风偏角 θ 时线路至杆塔的最小间隙距离 d；

（4）在预报天气条件下计算间隙距离为 d 时的风偏闪络电压 U_f；

（5）将预测的风偏闪络电压 U_f 与系统运行电压进行对比；

（6）输出风偏分级预警信息。

3.2　复合绝缘子的伞裙撕裂

绝缘子复合绝缘子具有污闪电压高、重量轻、维护简单等优点，在电网系统中大量使用，是高压输电线路的重要组成部件，其运行状况影响整个电网的可靠运行。复合绝缘子的主要组成部分为芯棒、护套和伞裙，护套和伞裙的材料为高温硫化硅橡胶。超高压输电利于实现长距离、大容量电能传输，但其输电走廊大多跨越人烟稀少地区，面临复杂地理环境和气候条件的挑战。新疆电网预期建成以乌鲁木齐—吐鲁番为中心的"工"字形目标网架，其中乌鲁木齐—吐鲁番—哈密的 750kV 超高压输变电工程实现了新疆南部与北部的电网连接，为新疆电网内部区域功率交换奠定基础，具有重大的经济和社会意义。但目前 750kV 乌鲁木齐—吐鲁番交流线路（简称乌吐线）运行不到 2 年时间内，大批复合绝缘子出现严重伞裙撕裂问题，其中破坏最严重的复合绝缘子整体 48 片大伞裙中 29 片出现撕裂破损。绝缘子的检修更换造成严重的停电影响和经济损失，并为大风区的输电线路建设增加了诸多疑问。该区域的强风特殊气候条件是导致复合绝缘子伞裙大规模撕裂的直接原因。

3.2.1　复合绝缘子撕裂研究

通过相关的材料试验、风洞实验和仿真计算对伞裙撕裂问题进行了研究，发现复合绝缘子伞裙出现撕裂主要是由于伞裙在强风下出现大的形变，进而导致伞裙根部应力集中较为严重，长期存在的应力集中导致复合绝缘子伞裙根部材料疲劳，最后断裂。对复合绝缘子进行不同风速下的流固耦合计算，研究复合绝缘子在不同风速下的形变以及应力集中水平，对于复合绝缘子在强风区的选型具有重要意义。

1. 仿真计算模型

基于复合绝缘子伞裙破损情况及风区的风速特点，对复合绝缘子伞裙进行流固耦合的风荷载响应数值模拟，主要分析在大风作用下伞裙的形变、应力、应变。

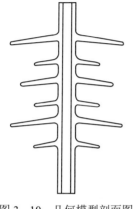

图 3-10　几何模型剖面图

复合绝缘子结构高度 7.15m，其中绝缘距离 6.67m，结构形式为大-小-中-小-大。为便于仿真模拟，在不影响计算的情况下，将模型简化处理，只选取其中的一个基本伞型结构单元作为计算模型。复合绝缘子计算模型如图 3-10 所示。复合绝缘子样品与水平成 54.8°，风向为从左往右吹。

复合绝缘子大伞、中伞、小伞伞径分别为 210、175、130mm，伞间距为 140mm。绝缘子芯棒的材料选用玻璃钢，护套及伞裙均采用硅橡胶。采用扫掠的六面体单元对复合绝缘子模型进行离散，网格单元数为 260×290。

2. 流场计算模型

流场为 1000mm×1000mm×1800mm 的长方体，流体定义为理想气体，满足理想气体状态方程，气体的密度为 1.18kg/m³，流场网格单元总数为 5 686 834，流场进口定义风速 40m/s，出口静态气压为 0，其余面为 wall 面，保证不会形成尾流等情况进而影响收敛结果。

3. 计算结果

应用有限元计算软件 ANSYS 进行复合绝缘子风荷载响应仿真研究，其计算结果如图 3-11~图 3-15 所示。计算结果流体和固体均收敛。

（1）仿真实验现象。从仿真结果图 3-11 可以看出复合绝缘子在风荷载作用下产生变形，显示了其在风荷载作用下的变形量，伞裙边缘变形最大，最大达到 57.89mm，在迎风面有不同程度的变形，中间的小伞裙因为有大伞裙的阻挡作用，变形量很小。

仿真复合绝缘子样品在计算模型下的变形结果可以得出，在 40m/s 的情况下，复合绝缘子大伞与小伞接触并且大伞有压迫小伞的趋势。绝缘子在迎风面所受的应力分布云图如图 3-12 所示，可以看出，大伞裙的应力范围较大，其高值主要集中在大伞裙根部，呈月牙状，与现场损坏的绝缘子应力集中情况相同，中间 3

个中、小伞裙所受应力较小。

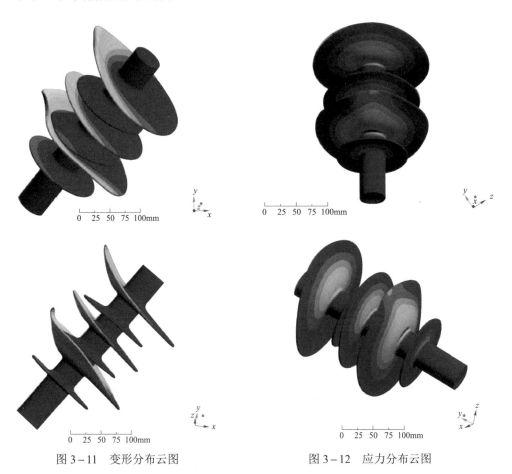

图 3 - 11　变形分布云图　　　　　　图 3 - 12　应力分布云图

　　大伞在整个变形的过程中，根部应力集中水平越来越严重，把整个变形过程程度分为 14 步，可以做出图 3 - 13 所示的变形过程中形变量和应力集中程度的双坐标图。图中的变形量为大伞边缘处的变形量，应力大小为大伞根部的应力大小。从图 3 - 14 中可以得出，在变形量达到 45mm 的时候，形变逐渐减缓，主要原因是大伞和小伞接触，大伞的变形减慢，应力集中程度也会减缓增加速度，但是此时的应力集中水平已经很大，如果长期存在这样的应力集中值，大伞根部就会疲劳断裂，这也是现场情况所反映出来的。所以为了使得伞裙不出现大的应力集中，导致伞裙从根部疲劳断裂，应该减小伞裙的变形，减缓根部的应力集中水平。从流固耦合仿真计算结果可以得到，复合绝缘子伞裙在强风下会出现大于大小伞间距的形变量以及较为严重的伞裙根部应力集中，这个应力集中以月牙状出现在伞裙根部。长期存在的应力集中会导致伞裙根部材料疲劳，出现像现场一样的复合绝缘子伞裙根部月牙状的初始微细裂纹，裂纹经过发展，使得伞裙根部疲劳断裂。

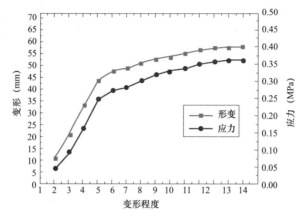

图 3-13　形变与应力集中变化趋势图

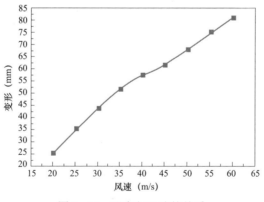

图 3-14　形变与风速的关系

（2）不同风速下的形变和应力情况。形变大小与应力集中程度和外界条件有很大的关联，所以对于不同风速下的形变和应力集中问题的研究很有必要，对于不同风区的复合绝缘子的选型具有一定的意义。通过流固耦合仿真计算模型研究不同风速下形变和应力变化的过程中，风速从 20m/s 开始，以 5m/s 为一个台阶，一直增加到 60m/s。图 3-8 中的形变量为复合绝缘子样品大伞边缘处的形变量，

图 3-15 中的应力为复合绝缘子伞裙根部的应力。

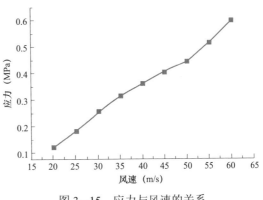

图 3-15　应力与风速的关系

通过对形变随着风速变化曲线的分析，可以得出，在风速＜35m/s 的时候，整个伞裙基本以一个整体在变形，整体受到外界风压的作用，变形基本与风速呈线性关系。在风速＞35m/s 的时候，大伞接触到小伞，此时由于小伞的支柱作用，形变程度随着风速增加变缓。伞裙形变的大小直接影响根部的应力集中程度，而应力集中程度直接影响伞裙的疲劳寿命，所以要保证伞裙不疲劳断裂就要阻止伞裙产生大的形变。

通过对应力随着风速变化曲线的分析，可以得出，在风速＜35m/s 的时候，根部应力随着风速的增加而增长较快，由于此时大伞在变形过程中没有受到小伞抵挡的作用，应力变化较大。当风速＞35m/s 的时候，由于大伞和小伞接触，此时的变形主要集中在伞边缘部分，而对于整个根部的应力影响变小，所以风速＞35m/s 的时候，应力增长变缓。在风速＞50m/s 之后，大伞压迫小伞一起变形，整个大伞伞裙根部的应力随着风速的增长又变大。所以为了防止根部过大的应力集中水平，必须要保证伞裙的变形足够小。

3.2.2　伞裙破坏机制

输电线路是电网系统的重要组成部分，保证其安全可靠运行是保障稳定、优质电力服务的重要环节。新疆地区特殊的地理位置导致了强风气候环境，这是输电线路外绝缘面临的一个新问题，强风气候对悬式复合绝缘子伞裙的破坏作用亟须进行机制研究并探索改善方案。

1. 绝缘子硅橡胶样品的拉伸应力曲线

对 4 个厂家的样品分别进行拉伸应变试验，分析材料的抗张强度及应力应变特性。实验依据标准 GB/T 528—2009《硫化橡胶或热塑性橡胶拉伸应力应变性能的测定》，样品采用哑铃状试样，对每个样品采用 6 组样片在电子拉力试验机进行实验，分别求得 6 组实验的平均值。各样品拉伸应力–位移曲线如图 3-16 所示。

4组硅橡胶样品的机械抗张强度统计见表3-10。

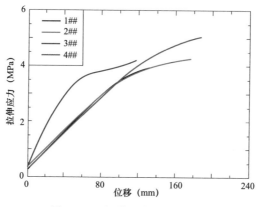

图3-16 拉伸应力—位移曲线

表3-10   样品1、2、3、4的机械抗张强度

厂家样品编号	1	2	3	4
抗张强度（MPa）	3.78	4.22	4.05	5.04

4组样品抗张强度均高于DL/T 810—2012《±500kV及以上电压等级直流棒形悬式复合绝缘子技术条件》中规定的机械抗张强度3MPa。由图3-20中各曲线的斜率可知，样品3的弹性模量参数高于样品1、2、4。但是虽然样品4的抗张强度最高，达5.04MPa，但其在上一节中的耐疲劳龟裂性能却低于样品2，因此传统对于硅橡胶静力学机械性能的考察，并不能直接反映材料的耐疲劳性能。

2. 伞裙特殊结构下的材料疲劳断裂机制

（1）强风下伞裙根部应力分布仿真分析。在V形串右串的悬挂方式下，伞裙的盘式结构具有较大的受风面积。由于绝缘子硅橡胶材料弹性模量较低，抗弯刚度较小。因此在强风作用下，伞裙因流体激振问题而出现伞裙的大幅度摆动。图3-17所示为40m/s平均风速下，绝缘子样品的动态过程截图。

图3-17 40m/s平均风速下伞裙摆动状况

绝缘子伞裙在流体激振的大幅度摆动过程中，会出现伞裙大幅度变形，该变形引起伞裙表面的应力分布不均。构件复杂的局部结构和较小曲率半径区域易出现应力集中问题，该区域的应力水平显著高于其他部位。此处，利用有限元软件，分析绝缘子伞裙出现的大幅度形变及其导致的伞裙根部应力集中现象。仿真中施加风速为 45m/s，采用流固耦合的分析手段，首先分析流体中伞裙表面承受的风压，然后将风压导入模型的静力学分析模块，研究伞裙形变和应力分布问题。复合绝缘子伞裙在强风下的形变及应力分布仿真结果如图 3-18 所示。

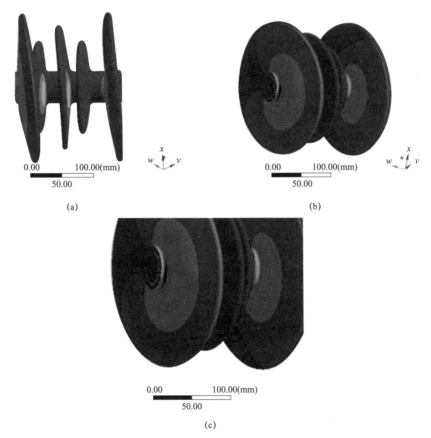

图 3-18　V 形串右串复合绝缘子形变后应力集中示意图

(a) 视图 1；(b) 视图 2；(c) 视图 3

　　由图 3-19 可知，伞裙在高速气流的作用下，迎风的半个伞面出现大幅度形变，表面应力分布较集中区域是从该面的护套根部一直延伸至伞裙边缘。应力分布云图中，应力集中最严重区域为伞裙根部的月牙形区域，最大值点在伞裙根部圆弧倒角的中心点处，集中程度从该点向外扩展逐渐减缓。

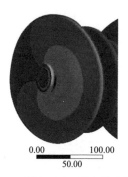

0.00　　　　100.00
50.00

图 3-19　应力集中区域与现场破坏对应情况

750kV 复合绝缘子结构高度超过 7m，于强风区的实际运行过程中，在强风下高低压端之间处于不同位置的伞裙承受差异性的流体激振作用，部分伞裙会出现持续性的伞裙摆动现象。伞裙摆动的最大幅度能使大伞裙表面抵触到小伞边缘，在此严重的形变下伞裙根部应力集中程度极高。在此循环应力作用下，该月牙形区域的硅橡胶材料逐渐疲劳松弛，最终发展产生撕裂裂纹。

（2）强风区绝缘子伞裙根部断裂发展过程。通过对乌鲁木齐—吐鲁番线故障复合绝缘子的现场调研发现，伞裙断裂故障由轻微到严重有如下三类情况：

1）伞裙根部区域产生离散的针刺点；

2）伞裙根部倒角处产生细微裂纹，伞裙表面硅橡胶材料破坏明显；

3）从伞裙表面产生贯穿至另一面的断裂，单支绝缘子上多片大伞发生这种故障。

此外，通过外力压迫伞裙产生大形变过程中，有部分大伞裙出现以下两种情况：

1）在某些外表完整的伞裙中，当其受外力作用出现大变形时，在根部区域逐渐出现细微裂纹，随着施加力的增大和形变加剧，该裂纹迅速扩展，伞裙根部完全撕裂形成贯穿性断裂裂纹；

2）对根部已经产生针刺点的伞裙施加外力使其变形，发现针刺点逐步扩展为细小裂纹，然后各个针刺点形成的裂纹相连，形成狭长的小裂纹，进一步发展，最终形成断裂故障。

根据绝缘子故障情况的现场调研结果，结合硅橡胶疲劳龟裂实验结论及绝缘子伞裙受力仿真分析结论，可得出复合绝缘子使用于强风区产生断裂故障的完整过程如下：

1）在强风气流下，复合绝缘子伞裙出现大幅度摆动现象，该现象导致伞裙根部应力集中，并且该应力周期性作用。

2）在长期循环应力作用下，硅橡胶材料在应力集中区域出现疲劳松弛现象，该区域位于伞裙根部圆弧形倒角区域内。

3）随着材料疲劳的加深，伞裙表面开始产生离散的针刺点，单个针刺点面积小于 $1mm^2$。

4）随着循环应力的持续作用，针刺点逐渐发展为独立的细小裂纹，进一步各细小裂纹相互贯连，形成较为显著的表面裂纹。

5）表面裂纹一方面沿伞裙表面横向发展，长度不断增加；另一方面深入伞裙内部，向伞裙另一侧延伸，最终发展为贯穿性的断裂故障。

（3）伞裙表面硅橡胶磨损。在强风区复合绝缘子伞裙根部断裂故障中，伞裙撕裂均从伞裙某一伞面开始发展，直至贯穿至另一伞面，而位于伞裙撕裂伞面的背面，可以发现严重的伞裙表面磨损现象。

一般情况下，硅橡胶在承受外部物体或者内部硅橡胶部件之间摩擦作用时，均会出现一定质量和体积的损耗。位于强风下的复合绝缘子，大伞裙在流体激振作用下，其摆动幅度较大，导致大伞裙表面与小伞边缘相抵触。在大伞的长期摆动过程中，伞裙之间的摩擦次数和摩擦力度大小，决定了形成凹坑的深度和弧长。从实际情况来看，撕裂越严重的复合绝缘子其表面摩擦形成的凹坑越明显。伞裙表面摩擦产生的凹坑，一方面导致了伞裙的体积和质量损失，另一方面磨损导致的绝缘子表面形状的不规整，对积污、电场分布产生不利影响。

3.2.3　复合绝缘子选型

为实现极端环境下复合绝缘子机械特性、绝缘特性、污秽特性等全方位的研究，建立一套极端环境下复合绝缘子选型的检测系统，尤其体现了强沙尘环境下绝缘子特性的研究，对于研究沙尘粒径、密度等参数对绝缘子绝缘特性的影响，具有重要的指导意义。整套系统为极端环境下输电线路运行绝缘子的检测提供了一种有效手段，为研究绝缘子劣化机理提供了一种有效的方法，最终为绝缘子克服极端运行环境提供了技术支持，从而保证了输电线路绝缘子的可靠运行。

整个绝缘子机械特性分类检测模块、绝缘子电场/电位分布检测模块以及绝缘子污秽检测模块，如图3-20所示。绝缘子机械特性分类检测模块可实现绝缘子在极端气候环境下（强风、沙尘、大温差、干旱）机械性能的检测，诸如绝缘子表面磨损，伞裙撕裂以及变形等。绝缘子电场/电位分布检测模块可实现绝缘子表面磨损或积累不同粒径厚度粉尘后沿面电位或者电场分布的检测。绝缘子污秽检测模块可实现沙尘污秽对绝缘子憎水性的检测。该系统可应用于绝缘子在极端气候环境下机械特性、电气特性以及污秽特性的检测，通过长期累积观测，可研究极端气候环境对绝缘子性能影响的机理。

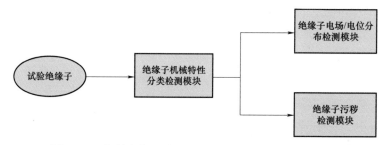

图3-20　极端气候环境下运行绝缘子检测系统系统框图

绝缘子材料特性分类检测模块可实现复合绝缘子变形、撕裂、磨损等情况分析，同时可实现所有绝缘子端部或者金具连接处磨损的检测。

无人机搭载高清摄像头，根据拟定线路，制订飞行计划，拟订对要求线路巡检的飞行方案；地面站控制中心，细化飞行任务。基于三轴云台设计，检测人员可远程控制无人机360°旋转云台选择目标。远程遥控云台并对相机的远程无线拍照，支持目前市场上多种单反、微单相机，可对绝缘子进行多角度全方位拍摄，将所采集视频通过无线传输单元传送给控制中心，控制中心接受采集视频，对绝缘子外观进行分析，判断其结构是否受损。

强风沙尘大温差环境输电线路绝缘子选型方法，其处理流程包括强风沙尘大温差试验、变形、撕裂、磨损等情况分析、工频耐压试验数据分析、憎水性数据分析。

第一步，在极端气候环境实验室中对试验绝缘子模拟强风、沙尘和大温差试验，试验对象是复合绝缘子。

该步骤主要是模拟强风、沙尘和大温差极端环境，通过风洞环境实现风速可调：0～60m/s，风速精度为 1m/s。出风口处安装供给沙尘的漏斗，通过风力的作用，模拟沙尘的扩散。漏斗与沙尘箱相连，沙尘箱备有不同粒径范围的沙尘，包含 0.1～0.2、0.3～0.4mm 和 0.5～0.6mm 三种。高低温试验箱通过加热系统和制冷系统实现温度的变化：−40～50℃，控制精度是±0.5℃，昼夜温度可调。

　　第二步，极端气候环境试验后，分别对试验绝缘子进行以下试验：

　　（1）对试验绝缘子的机械特性进行分析，对绝缘子进行变形、撕裂以及磨损情况的分析。

　　采用放大镜或者目测绝缘子端部或者绝缘子中轴是否发生磨损、变形或者伞裙是否发生撕裂，统计绝缘子发生形变的个数或者测量形变尺寸的大小，与试验绝缘子编号相对应。

　　（2）对试验绝缘子的电气特性进行分析，主要针对绝缘子的绝缘特性进行检测，分析其工频耐压试验数据。

　　参照 GB 50150—2016《电气装置安装工程电气设备交接试验标准》，试验绝缘子应按标准进行交流耐压试验，且应符合下列规定：

　　1）交流耐压试验时加至试验标准电压后的持续时间，无特殊说明时应为 1min。

　　2）非标准电压等级的电气设备，其交流耐压试验电压值当没有规定时，可根据本标准规定的相邻电压等级按比例采用插入法计算。

　　3）当采用较高电压等级的电气设备在满足高海拔地区要求时，应在安装地点按实际使用的额定工作电压的试验标准进行。

　　确定试验电压等级后，即开始加压试验，统计绝缘子发生闪络的个数或者拍摄绝缘子闪络的照片，与试验绝缘子编号相对应。

　　（3）对试验绝缘子的污秽特性进行分析，根据其憎水性数据进行评估。

　　根据 GB/T 24622—2009《绝缘子表面湿润性测量导则》，基于绝缘子表面暴露于细水雾中持续一段时间后的湿润响应，以评定绝缘子表面暴露在这种雾后的湿润性。

　　喷雾距离 25cm±10cm，持续时间 20～30s，在此期间内典型喷水量 10～30mL。在喷射结束后 10s 内完成湿润性测量。测量方式应能保证沿绝缘子轴向和周向都有清晰的湿润性变化图像。

喷雾后绝缘子表面的状态对应于 7 个湿润性（憎水性）等级（WC）中的一个，即为 1 和 7 之间的一个值，其值根据相应的湿润性等级的准则确定。

第三步，根据第二步的三种特性试验数据分析，综合绝缘子发生形变的个数或者测量形变尺寸的大小、绝缘子发生闪络的个数或者拍摄绝缘子闪络的照片以及绝缘子湿润性（憎水性）等级等数据，选择出具有抗机械形变、绝缘性能优良的输电线路绝缘子。

3.3 连 接 金 具 磨 损

3.3.1 电晕分析

电晕试验是评价金具的重要评价方法，GB/T 2317.2—2008 采用紫外成像仪来判断金具表面的电晕状态，相对关注起晕电压。在实际输电运维过程中，紫外成像仪常用来探测高压金具、绝缘子端部金具和导线等设备的缺陷。对磨损完成的 U 形环进行电晕实验，采用紫外成像仪进行探测，可以量化金具磨损后的电气性能。

1. 实验设置

（1）机械试验设置。采用自行研制的落沙装置和金具摇摆磨损装置，基本原理如图 3-21 所示。

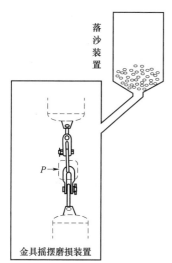

图 3-21 试验装置示意图

落沙装置流量可调，控制在 2g/s，落沙的粒径保持在 1.0mm 以下，体积分数（沙粒总体积和空间体积的比值）选用 3‰左右的体积分数。选择 750kV 输电线路典型 U 形环作为实验研究对象，连接位置的 P 点是关注的位置。

（2）磨损金具紫外电晕试验设置。

1）U 形环施加载荷控制在 4～6kN 范围内；

2）对 U 形环进行摇摆磨损试验，摆动周期为 5s，摆动次数控制在为 5 万～25 万次范围内；

3）选取粒径为 1.0mm 的沙粒以下作为物料磨损，根据试验要求进行调节；

4）对磨损后的 U 形环进行紫外电晕试验。

电晕试验是评价金具的重要评价方法，GB/T 2317.2—2008 采用紫外成像仪来判断金具表面的电晕状态，相对关注起晕电压。在实际输电运维过程中，紫外成像仪常用来探测高压金具、绝缘子端部金具和导线等设备的缺陷。对磨损完成的 U 形环进行电晕实验，采用紫外成像仪进行探测，可以量化金具磨损后的电气性能。

试验采用工频高压试验变压器提供工频高压，接线原理图如图 3-22 所示，试验过程中将试验电压上升到 300kV 并稳定在 300kV 左右，此时磨损前后的金具都可以产生稳定的电晕放电，完全满足观测和对比。

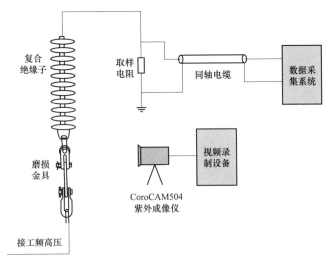

图 3-22　电晕试验设置示意图

电晕放电的图像由紫外成像仪（CoroCAM504，南非）探测，为了便于分析放电的动态过程，输出的视频信号由外接的视频录制设备进行存储。从紫外视频中连续截取大小为 720×576 的图像处理分割出光斑区域，统计区域中像素点的个数，即为光斑面积 F，分别统计每一帧图像中的光子面积，然后取平均值，计算式为

$$F = \sum_{i=1}^{M} \sum_{j=1}^{N} B(x, y) \tag{3-3}$$

式中：M 和 N 分别为二值图像矩阵的行和列数值；$B(x, y)$ 为其对应的像素值。

2. 实验结果与分析

沙粒磨损后典型的 750kV 线路 U 形环如图 3-23 所示，磨损主要出现在两个

U 形环接触的部位，磨损在金具连接边缘形成的粗糙部位，该部位容易产生电晕放电。

图 3-23 沙粒磨损后的金具

对磨损金具进行电晕试验，试验完成后，从紫外视频中截取了的图像，将其中某张紫外图像进行了处理，如图 3-24 所示，计算光斑面积。

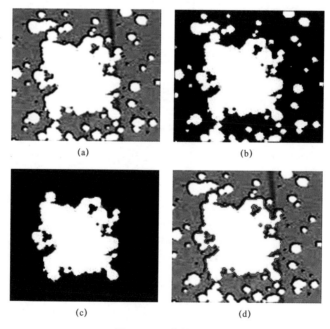

(a)

(b)

(c)

(d)

图 3-24 紫外图像

（a）原始图像；（b）二值图像；（c）滤波图像；（d）提取图像

磨损时间

$$t = c \times Rv \tag{3-4}$$

式中：c 为摆动数；Rv 为单转时间。

（1）施加荷载的影响。实验过程选用
0.2mm 的粒径石英砂作为磨粒物料，时间选
择 $6 \times 10^5 s$ 作为磨损的时间参数，根据相应的
试验步骤进行试验。

根据试验的结果，绘制了施加荷载和电
晕光斑面积之间的关系，如图 3-25 所示面
积大小与施加荷载呈饱和正相关关系。有沙
环境在 7.3kN 的范围内迅速上升然后达到饱

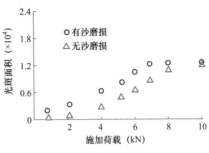

图 3-25　施加荷载影响图

和；无沙环境在 8.1kN 达到饱和条件。在有沙或者无沙环境，电晕光斑面积均随
着施加荷载上升，但是有沙的光斑面积大于无沙时的情况，但是荷载超过 8kN 时，
两种环境情况下光斑面积非常接近。

在磨损的初期阶段，界面上的荷载在摇摆作用下，无沙环境可能表现出黏着
磨损，剪切发生在界面上，形成粗糙部位较小；有沙环境除了黏着磨损外，还会
产生磨料磨损，所以初期有沙环境容易较快地形成粗糙部位，从而导致电晕光斑
更大；但是随着荷载增加，黏着磨损将会逐渐加强，磨损剪切为主导因素，沙粒
磨损为次要因素，因此在 10kN 荷载作用的条件下，两种环境产生的电晕光斑面
积接近，沙尘环境的电晕光斑略高。

（2）磨损时间影响分析。根据图 3-25 可知，磨损时间为 $6 \times 10^5 s$，有沙环境
在 7.3kN 时电晕光斑达到饱和，但在 4kN 和 6kN 均属于上升阶段，可以获得较长
的磨损时间对电晕光斑的影响，因此，选择 4kN 和 6kN 的拉力进行了磨损时间的
影响研究。实验过程中选用 0.2mm 的粒径石英砂作为磨粒物料，根据实验步骤进
行了相关的测试。

根据测试的结果，获得了磨损时间和电晕光斑面积之间的关系，如图 3-26
所示。从图中可知：磨损后金具附近的电晕光斑大小随着磨损时间呈饱和正相关
关系；6kN 荷载下，在磨损时间小于约为 $4.2 \times 10^5 s$ 时始处于较慢的上升状态，在
$4.2 \times 10^5 \sim 9 \times 10^5 s$ 内迅速上升然后达到饱和；4kN 荷载下，这两个时间点分别为
$4.2 \times 10^5 s$、$11.8 \times 10^5 s$。

在起始阶段，随着磨损时间的增加，荷载较大的产生磨损形成的光斑相对
较大，起始阶段较大的 6kN 荷载相对容易形成粗糙部分，所以电晕光斑相对
较大；随着时间的增加，两者形成的粗糙程度逐渐接近，故电晕光斑面积逐步

接近。

（3）沙粒的影响。实验过程时间选择 6×10^5s 作为磨损的时间参数，选择 6kN 的接触应力，采用不同目数筛子分选了石英砂，选用沙粒粒径 0.01～1.0mm，根据相应的试验步骤进行试验。

根据试验的结果，绘制了磨损沙粒粒径和电晕光斑面积之间的关系，如图 3-27 所示。从图中可知：磨损后金具附近的电晕光斑大小随着颗粒粒径迅速上升到顶峰后缓慢下降；在沙粒较小时，电晕光斑面积随着沙粒粒径迅速上升，当粒径在 0.09～0.1mm 时，出现最大光斑，然后有下降的趋势，这种下降的趋势非常缓慢。

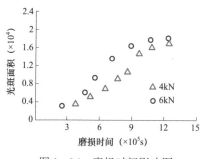

图 3-26　磨损时间影响图

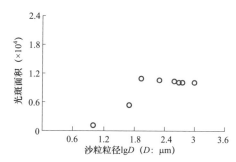

图 3-27　磨损沙粒粒径影响图

（4）微观分析。采用扫描电镜获得了 U 形环磨损部位表面形貌，如图 3-28 所示，并观察了磨损部位的磨屑形貌（图 3-28 的圈内部分），如图 3-29 所示。参与试验的沙粒经过磨损后呈不规则的多面体形状，这些进入磨损部位的沙粒在磨损部位形成了犁沟、槽沟等形态特征，如图 3-28 所示。从磨损的微观形貌分

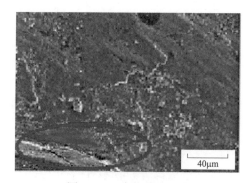

图 3-28　磨损形貌电镜图

图 3-29　磨损碎屑形貌电镜图

析，连接金具间的沙粒磨损表现出典型磨料磨损的特征。从外部进入摩擦界面的石英砂粒为不规则形状，莫氏硬度为 7。参与 U 形环金属表面磨损过程中，这些犁刨出很多沟槽，致使金属接触面形成了不可恢复的破坏，该过程直接加剧了金具界面的磨损进程。

参与磨损后的沙粒磨屑呈层状或者片状，粒径保持在 200μm 以下，厚度基本小于 50μm，并且出现剥落的特征。采用沙粒体积分数为 3‰，颗粒越大，颗粒数目越小，进入 U 形环界面的颗粒概率不断下降，可以推断：

1）小于 200μm 的沙粒，较为容易直接进入参与金具接触界面的磨损；

2）进入磨损部位的沙粒大于 200μm，会迅速被接触部位碾碎到在直径小于 200μm、厚度小于 50μm 的磨屑；

3）粒径更小的颗粒物（小于 50μm），形成的划痕将会更小，对接触界面磨损的影响较小。因此，出现了最大电晕光斑的粒径在 0.09～0.1mm 的情况。

3.3.2　机械性能

新疆输电线路金具均受到了风沙的影响产生了磨损，以 U 形环的磨损最为严重。因次，此处实验以 U 形环作为对象来研究输电线路金具的机械性能。

1. 实验设置

现阶段新疆的金具材料均为镀锌钢，选用的材质为 Q235，相关的工艺参考 DL/T 768.7—2012。典型线路金具的连接方式有三种：

（1）环与环的连接，如 U 形环；

（2）螺栓连接，如地线线夹；

（3）球头与碗头的连接，如绝缘子端部金具。

落沙装置流量可调,控制范围在0.2～5g/s，试验选用石英砂为磨料材料，石英砂的莫氏硬度 7 左右，粒径保持在 1.0mm以下，偏光显微镜下的照片如图 3－30 所示，这些石英颗粒极为不规则，部分存在锐角。

采用自行研制的落沙装置和金具摇

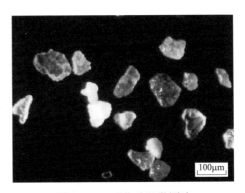

图 3－30　石英砂显微图片

摆磨损试验设备进行联合使用，仍然选了同批型号为 U−12、标称载荷为 12t、钢材材质为 Q235 的镀锌 U 形环作为研究对象，连接位置的 P 点是关注的位置。实验步骤如下所示：

（1）将 U 形环进行上下连接，施加载荷分别为 4kN、6kN 和 8kN；

（2）对 U 形环进行摇摆磨损试验，摆动周期为 5s，摆动次数控制在 5 万～25 万次内；

（3）选取粒径为 1.0mm 的沙粒以下作为物料磨损，根据试验要求进行调节；

（4）对磨损完后的 U 形环进行截面尺寸测量；

（5）磨损试验完成后，采用卧式伺服拉力试验机对 U 形环进行拉力破坏，获取磨损后 U 形环的剩余强度；

（6）采用扫描电子显微镜（scanning electron microscope，SEM）和金相分析微观界面 U 形环沙粒磨损处的微观形貌。

2. 风沙环境的影响分析

（1）施加载荷影响。实验过程中选用 0.2mm 的粒径石英砂作为磨粒物料，施加载荷分别为 4、6kN 和 8kN，相关结果如图 3−31 所示。根据试验结果可知：

1）金具磨损剩余强度下降值与施加荷载成增长关系；

2）随着磨损时间的增加，下降值随着磨损时间成饱和增长关系；

3）施加荷载越小，饱和趋势越明显。

沙尘环境的 U 形环磨损剩余强度与无沙环境的结果不同，以 8kN 的金具磨损为例，对比分析了沙尘对金具磨损的影响，如图 3−32 所示。

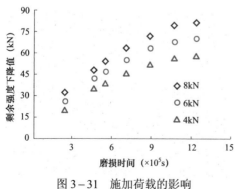

图 3−31　施加荷载的影响

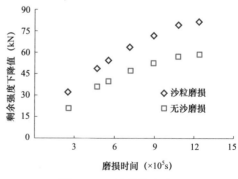

图 3−32　沙粒的影响

相同荷载条件下，沙粒磨损程度明显要大于无沙磨损，两者下降值随着磨损时间成饱和增长关系，无沙环境随时间变化的饱和程度较为明显。以 8kN，7.15×10^5s 为例，无沙磨损情况的 U 形环剩余强度下降值只有 47kN 左右，沙粒磨损情况的 U 形环剩余强度已下降到 63kN 左右，表明沙粒磨损情况远比无沙磨损情况要严重。

强风引起的输电线路涡街振动作用引起金具之间的相对运动，在没有沙粒参与的情况下，风致振动形成的荷载越大，磨损损失就越大。沙粒进入连接金具的磨损界面，伴随着金具间的相对运动，沙粒的压入在金具材料表面形成凹坑、微裂纹，沙尘的切削作用产生了犁沟、凹槽等，这些均加剧了金具的相对摩擦，从这些角度来说，沙粒磨损比无沙磨损对金具的损伤更大。

（2）沙粒流量。固定试验载荷与试验磨损次数，改变沙粒磨损的流量（采用体积分数来衡量，本实验中选择 3‰、1.5‰作为沙粒流量的影响因素），进一步分析沙尘磨损的沙粒影响。试验荷载 8kN，选择沙粒仍然为 0.2mm。分为两种情况：

1）固定沙粒体积分数为 3‰：① 全过程加沙，② 间断加沙，7.2×10^3s 间隔加沙 3.6×10^3s，③ 不加沙；

2）沙粒体积分数为 3‰、1.5‰和不加沙，测量磨损严重的区域，即图 3–33 的 AD 长度。

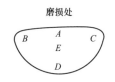

图 3–33　磨损的 U 形环截面示意图

全过程加沙、间断加沙与无沙试验条件的对比结果如图 3–34 所示，总体趋势：

1）这些磨损的总体趋势呈反向饱和下降趋势，全程加沙的下降趋势最为明显，随着磨损时间推进，图 3–33 中 BAC 面越来越钝，即磨损接触面越来越大，所以出现了反向饱和下降的趋势；

2）全程加沙的严重程度略强于间断加沙，但全程加沙与间断加沙的严重程度大于无沙磨损结果；

3）以 8kN、7.15×10^5 条件为例，无沙磨损后截面尺寸剩余率为 68.2%；间断加沙（3‰）条件下为 59.9%；全过程加沙（3‰）条件下为 50.3%，全过程加沙（1.5‰）条件下为 57.1%。

前面分析，沙粒加快了磨损的过程，全程加沙和间断加沙产生的磨损均会比无沙磨损状态严重。间断加沙（3‰）和全过程加沙（1.5‰）从本质上说，同一时间段内沙的流量相等，所以产生的磨损基本上相同，但是金具连接界面容纳的沙尘有一定限制，从这些因素考虑的话，全过程加沙（1.5‰）的磨损程度略大于间断加沙（3‰）。

（3）沙粒粒径。金具的沙粒磨损，从本质上来讲就是一种磨料磨损，除了金具界面、风力载荷、沙尘流量等因素外，磨料的粒径、硬度和形状这些因素均有很大的影响，沙漠戈壁的沙粒大多数无规则形状，尖锐程度较高。实验过程时间选择 $7.15 \times 10^5 \text{s}$ 作为磨损的时间参数，选择 8kN 的接触应力，采用不同目数筛子分选了石英砂，选用的沙粒粒径从 0.01～1.0mm。磨损试验得到的试验数据如下。根据试验的结果，绘制了沙粒粒径和磨损截面尺寸剩余率之间的关系，如图 3－35 所示。

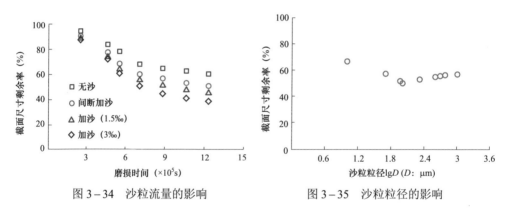

图 3－34　沙粒流量的影响　　　　　图 3－35　沙粒粒径的影响

从图 3－35 中可知：金具磨损截面尺寸剩余率大小随着颗粒粒径迅速下降，然后缓慢上升；在沙粒较小时，随着沙粒粒径开始下降，当粒径在 0.09～0.1mm 时，出现最小值，然后有上升的趋势，这种上升的趋势非常缓慢。随着沙粒粒径增加，沙粒尖锐部分逐渐增加，对金具的磨损程度逐渐增加，所以出现了磨损截面尺寸剩余率迅速下降的趋势。另外采用沙粒体积分数为 3‰，颗粒越大，颗粒数目越小，进入 U 形环界面的颗粒概率不断下降，出现了截面尺寸剩余率缓慢抬升的现象。

沙粒颗粒进入金具连接界面并被压入过程中，在相同的荷载情况下，但随沙粒增加，尖端半径随之增加，在一定范围内压强增加，随压入深度的增加，对金具界面的切削能力加强，出现了截面尺寸剩余率迅速下降的趋势。在同等载荷下随沙粒半径继续增加，尖端半径也随着增加，作用在被磨面上的压强到了一定程度，压入深度不再增加，随着沙粒颗粒物减少，出现尺寸剩余磨损率减小的趋势。

（4）截面硬度分析。以荷载 8kN、磨损时间 7.15×10^5、体积分数 3‰条件弯折处截面进行硬度分析，未磨损的 U 形环硬度值表面与内部无明显变化，维氏硬度值在 220HV 左右。对磨损后的金具所取截面处进行了沿磨损处边缘向中心的纵向（A—D，见图 3-36）均匀取了 6 个点，维氏硬度随着 A—D 的变化如图 3-36 所示。沿磨损边缘处横向的（B—A—C，见图 3-37）均匀取了 9 个点，如图 3-37 所示。

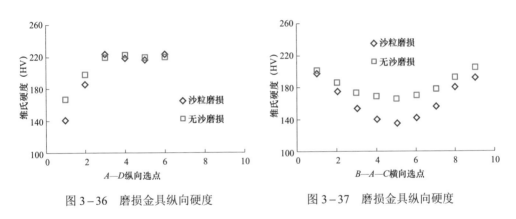

图 3-36　磨损金具纵向硬度　　　　图 3-37　磨损金具纵向硬度

联合图 3-36 和图 3-37 可知，磨损边缘处的硬度值有明显下降，且磨损边缘的中间部位（A 点）硬度明显较低 140HV 左右（沙粒磨损）、165HV 左右（无沙磨损），内部硬度值没有明显变化，保持在 220HV 左右，磨损边缘处硬度值均有下降。BAC 磨损边缘中间区域硬度较低，两端区域硬度有轻微变化，沙粒磨损的最低值小于无沙磨损值。

在磨损过程中金具相对运动，挤压剪切作用较强，中间区域因挤压方向不断变化形成的凸起与褶皱，除此之外，这些部位使得硬度变得较低，边缘区域受到影响，硬度有所下降；沙粒在磨损截面形成了大量犁沟、槽沟等表面形态，硬度受到了影响。

3.3.3 微观分析

实验微观分析样品是从 8kN、7.15×10⁵s、体积分数 3‰、粒径 0.2mm 条件 U 形环弯折处的截样，现场微观分析样品南疆沙漠区域某 750kV 线路运行 3 年左右的 U 形环弯折处的截样。

1. 磨损形貌

利用扫描电子显微镜对磨损试验后金具的磨损处微观形貌进行了分析，如图 3-38 所示，收集并分析了现场磨损形貌，如图 3-39 所示。

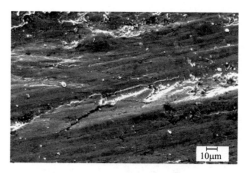

图 3-38　试验沙粒磨损微观形貌　　　　图 3-39　现场沙粒磨损微观形貌

根据磨损形貌可以发现明显的片状黏着磨损特征以及犁沟、槽沟等磨料磨损的特征，犁沟磨损斜向上，并且相对平行，这些区域相对较黑，可以看见大量的磨屑；部分区域有擦痕、锥形坑、鱼鳞片状、麻点等黏着磨损，这些区域相对较白。试验图片中沙屑较多，颗粒较大，现场划痕较多，颗粒较小。这些特征会引起磨损部位硬度的下降。从放大 5 倍的图 3-40 和图 3-41 可以看出磨损表面有明显的鱼鳞片状、薄片状等特征（图 3-40 中圆圈和图 3-41 中圆圈），这些均是沙粒进入金具接触界面，被相对运动的金具碾磨成粉末，这些碎末黏附在金具磨损表面上。实验中沙粒相对较多，沙屑较多，磨损面较为脏乱，但是磨损沙屑实际的现场沙粒较少，沙屑较少，表现较为干净的磨损面。

现场图片和试验图片均显示出了磨损形貌中有黏着磨损和磨料磨损两种类型的磨损特征，多处特征相似，进一步说明采用试验进行金具磨损对比的有效性。

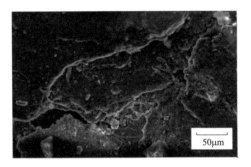

图 3-40　试验沙粒磨损微观形貌

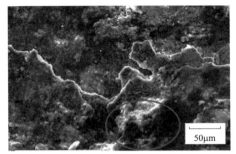

图 3-41　现场沙粒磨损微观形貌

2. 沙粒磨屑形貌

利用扫描电子显微镜对磨损试验后金具的磨损处沙屑微观形貌进行了分析，如图 3-42 所示；分析了现场的沙屑微观形貌，如图 3-43 所示。

图 3-42　试验碎屑形貌电镜图

图 3-43　现场碎屑形貌电镜图

参与试验的沙粒呈不规则的多面体形状，有较多棱角。图 3-42 中磨屑呈层、片状，较薄，表面较为光滑，粒径保持在 200μm 左右，厚度基本小于 50μm，并且出现剥落的特征，部分表现表面鱼鳞片状及层状脱落等特征。图 3-43 中现场图片的磨屑相对较少，附着在金具上，表现出长期受力的特征，粒径基本在 200μm 左右，厚度更薄，在 30μm 左右。这些磨屑均表现出受到应力碾磨的行为，推测为沙粒进入金具接触部位，受到了运动剪切挤压，被碾成层状粉末，并积累金具界面形成的现象，这可能是沙粒磨损引起磨损部位硬度下降的原因。

3. 金相分析

用蔡司倒置式金相显微镜对选择的金具进行了表面形貌分析。磨损后金具的磨损边缘如图 3-44 所示；磨损后金具截面中心，如图 3-45 所示；原始金相组织，如图 3-46 所示。这些图像中金相组织均为铁素体+珠光体，磨损边缘处，有大量的与表面平行的细长条状组织，磨损边缘处的条状组织更为明显。截面中心 E 点金相组织无明显差异，铁素体与珠光体呈颗粒状均匀分布。

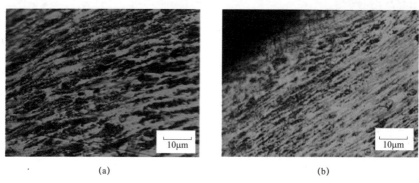

(a)   (b)

图 3-44　磨损边缘的金相组织
(a) 磨损边缘 A 点；(b) 磨损边缘 B 点

根据图片分析，金具截面内部远离摩擦表面处的金相组织没有发生变化，与原始的金相组织（见图 3-45）相似；截面边缘处靠近磨损中心明显出现了变化，出现了沿磨损表面方向的长条状组织。这些金具材料表面长期受到的荷载并受到沙粒磨损，金具之间的往复摩擦，并这些行为均发生在材料表面。摩擦接触面之间的黏着磨损和磨料磨损共同作用，形成了这些条状组织。初步分析，磨损中存在温升过程，磨损部位形成了由外到内的氧化过渡层，这些氧化物硬度较低，易产生剥离和犁沟。并且在风力荷载作用下，可能导致摩擦表面晶粒细化，条纹组织推测为由细化晶粒组成，硬度较低。这些也是造成硬度下降的原因之一。

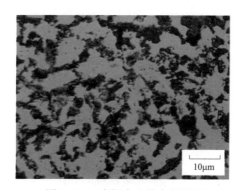 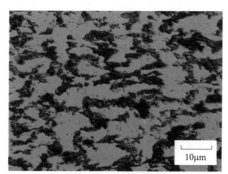

图 3-45　磨损中心的金相组织　　　　图 3-46　原始金相组织

4. 磨损机理分析

新疆南疆沙漠附近 750kV 某段走廊，区域风速为 36～40m/s，冬春季节沙尘暴频发。当高速的气流对着绝缘子和导线时，连接金具受到长期且不稳定的水平方向载荷影响，这些金具之间频繁摆动，这些频繁横风带来的频繁摆动、附加载荷以及携带的沙粒，均促进了金具的磨损，通过前面试验以及微观分析，研究了风沙环境的影响时，集中研究了风致荷载、沙粒的影响。

摩擦磨损主要出现在金具材料的表面，表层形貌、金相组织的观测是研究摩擦磨损规律和机理的关键部分，摩擦后的表面形貌可直接反映磨损特征行为，不同的磨损机理，观察到的形貌特征差别十分明显。观察磨损表面的形貌特征是判断材料磨损类型的重要依据。

（1）黏着磨损行为。前面的试验对比了金具的无沙磨损和沙粒磨损，随着磨损时间，沙粒磨损比无沙磨损更为严重。金具接触表面并不是光滑的而是呈微小的凹凸不平状，连接金具接触的过程实际上是金具表面的这些微凸体接触过程，金具材料的黏着磨损行为如图 3-47 所示，这样微凸点的接触就承受了较大的应力而产生弹性形变，超出弹性极限后造成了塑形形变，表现为黏着磨损的特征。风致振动过程中，金具滑动摩擦时表面微凸部位在压载的作用下发生塑性变形，形成了金属黏着，风力作用后相对滑动中黏着处被破坏，有金属屑粒从金具表面脱落，这个过程在风力作用下不断重复。经过对金具黏着磨损金具磨损部位以及磨屑的表面形貌分析，确定了磨屑为连接金具镀锌层与钢材的氧化物。可以进一步推测表面鱼鳞片状及层状脱落可能为金具碎屑。

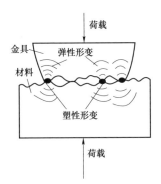

图 3-47　黏着磨损行为的示意图

（2）磨损中沙粒的压入和切削行为。磨损形貌中不仅观察到鱼鳞片状及层状脱落黏着磨损特征，还存在犁沟、裂纹等磨粒磨损特征。

沙粒参与了摩擦磨损，沙粒的锐角部分因为垂直应力的反复作用压入 U 形环材料表面对材料表面形成凹坑或者细微裂纹，沙粒的压入作用如图 3-48 所示，沙粒进入金具材料界面，被压入进金具材料，相对运动使得沙粒侵入了金具材料表面，增大了凹坑，扩展成微小裂痕。除了压入产生的凹坑和裂纹，沙粒在压入后，相对运动会对金具表面深度切削。沙粒的切削作用如图 3-49 所示。沙粒的迎角、金具材料的变形抗力、金具材料微表面特性、材料本体特性均会影响着沙粒的切削过程。金具之间的相对运动带动了沙粒切削，使金具材料表面产生划痕、犁沟等类似切削形式的损伤。当频繁强风带来的沙尘参与了金具的摩擦，线路摆动提供的动力带动了沙粒的压入和切削，在材料表面形成凹坑、裂纹、犁沟切削等，才使磨损类型由单一黏着磨损变成了黏着磨损与磨料磨损的交互作用，加速了线路金具的磨损。

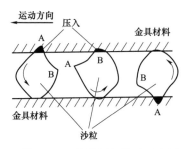
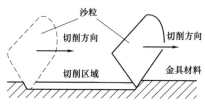

图 3-48 沙粒压入作用示意图   图 3-49 沙粒切削作用示意图

（3）磨损应对措施分析。新疆区域沙尘天气较多且沙尘含量较大，黏着磨损与磨料磨损的交互作用加剧了金具的磨损。减少金具磨损有两个途径：

1）提高材料的硬度或是改变材料表面结构，将原来的 Q235 钢材材料，在生产环节采用表面处理（如表面热处理、化学处理等），提升材料的表面结构，提升硬度，提升金具的耐磨性。

2）现有的材料工艺条件下，改变金具的组合形式，增加连接金具的接触面积，减少接触应力，从而达到减小磨损的目的。

3.3.4 仿真分析

通过对 U 形环配合和直角挂板配合的接触状态对比仿真（Ansys），分析不同连接配合间的接触应力大小和分布状态，判断在配合发生相对磨损时，其材料的磨损破坏形式。

1. U 形环的接触状态及应力分析

图 3-50 为 U 形环的仿真分析模型建立形式。图 3-50（a）为 U 形环的配合形式，为简化计算，U 形环通孔处的螺栓由圆形销代替，其中一个销设置为固定

约束，在另一个销上施加 20kN 的拉力载荷，并将两 U 形环接触面设置为摩擦接触（摩擦系数为 0.1）；图 3－50（b）为 U 形环的网格划分，由于本次分析的重点为接触应力，因此将 U 形环弯折处（接触区域）的网格进行加密处理，其余部分网格进行适当放大，可在保证计算精度的同时增加计算效率。

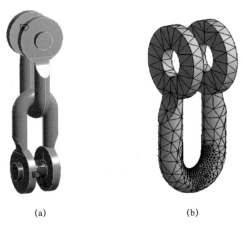

(a) (b)

图 3－50　U 形环仿真分析模型的建立

（a）配合形式；（b）网格划分

图 3－51 为 U 形环在上述条件下的接触状态，其主要接触区域为 U 形环的弯折处，接触面呈圆形，且接触面积较小。

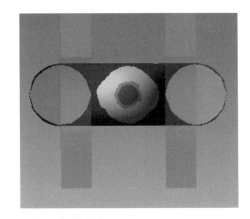

图 3－51　U 形环接触状态

图 3－52 为 U 形环的接触应力分布图，由图可见在 20kN 载荷下，两 U 形环配合时，其接触区域的表层最大压应力达到了 980MPa，形成一个极高的表面压

应力区域。因此可以推测，此区域在两 U 形环发生相对运动时，将发生材料失效破坏现象（局部磨损）。而在此时，U 形环整体将不发生断裂，因为其等效应力仍处于安全范围内，如图 3-53 所示。

2. 直角挂板环的接触状态及应力分析

图 3-54 为直角挂板的仿真分析模型建立形式。

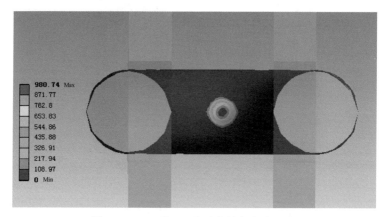

图 3-52 U 型环配合时的接触应力分布

图 3-53 U 形环配合时的等效应力分布　　图 3-54 直角挂板仿真分析模型的建立

（a）配合形式；（b）网格划分

图 3-54（a）为直角挂板的配合形式，为简化计算，直角挂板连接处的螺栓由圆形销代替，圆形销与挂板孔间的摩擦系数为 0.1，对直角挂板配合同样施加 20kN 的轴向载荷；图 3-54（b）为直角挂板的网格划分，由于此处分析的重点为接触应力，因此将圆形销（连接螺栓）的网格进行加密处理，其余部分网格进行适当放大，可在保证计算精度的同时增加计算效率。

图 3-55　U 形环接触状态

图 3-55 为直角挂板配合在上述条件下的接触状态，其主要接触区域为上下两个直角挂板的耳环与连接螺栓之间的接触，接触区域分布于连接螺栓的上下两个面（见图 3-56），接触面皆呈线条状，接触面积与 U 形环配合相比大幅增加。

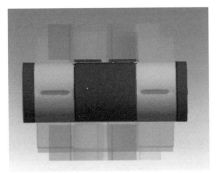 

图 3-56　直角挂板连接螺栓上下面接触区域

图 3-57 为直角挂板连接螺栓的接触应力分布图，由图可见在 20kN 载荷下，两直角挂板配合时，其接触区域的接触应力明显低于 U 形环的接触应力，探针指示数据显示，螺栓表面的接触应力大约为 235MPa，接近材料的屈服强度，约为 U 形环配合在同样载荷下表面应力的 1/4。表面接触应力的大幅降低必定会改善该部位的耐磨性能。与 U 形环配合类似，在 20kN 的载荷下，直角挂板配合的等效应力分布说明其整体结构不会发生破坏（见图 3-58）。

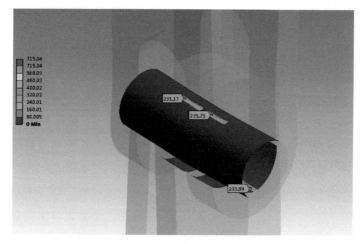

图 3-57　直角挂板配合时的接触应力分布

图 3-58　直角挂板配合时的等效应力分布

3. 连接金具耐磨性能改进建议

通过有限元仿真分析对比结果进行分析，在直角挂板配合时，其关键表面的接触应力要远小于 U 形环配合，当两接触面进行相对滑动时，直角挂板的磨损量将小于 U 形环配合。通过对直角挂板的接触应力分析发现，其关键接触面和接触应力最大值都集中在连接螺栓上，该连接螺栓的耐磨性能将直接影响到直角挂板的整体耐磨性能。

有限元仿真分析的结果与直角挂板的实物磨损试验结果相吻合，从理论和试验模拟这两方面证明了直角挂板替换 U 形环时，其在耐磨性能方面的优越性。结合线路的实际情况，该线路于 2012 年 4 月将发生磨损的 U 形环替换为直角挂板，经过 1 年多的运行后，经登塔近距离检查发现，所换直角挂板未产生严重的磨损现象，各承载截面未见明显减薄现象。因此从实际应用的结果也证实了直角挂板的耐磨性能要明显优于 U 形环。

因此建议用直角挂板配合来替代原有的 U 形环配合，而且需尽量选择高等级的直角挂板连接螺栓，如有条件，则可以定制专用耐磨损连接螺栓。

3.3.5 神经网络模型评估

传统方案仅从单方面因素来研究线路连接金具磨损问题，但未能从连接金具磨损的本质原因出发，研究连接金具的磨损行为以及发展趋势，存在着很大的局限性。对于沙漠地区同走廊输电线路，设备损伤情况基本相同，只需要选择典型的损伤设备进行分析，即可得出损伤的演变趋势。这里以典型连接金具为研究对象，首先分析了连接金具的接触应力，并进行了大量磨损模拟试验，在磨损试验的基础上，采用了神经网络模型成功预测了典型磨损次数、试验载荷、剩余强度以及剩余强度之间的连续对应关系，为沙漠风害输电线路连接金具的选型以及磨损防治提供了技术支撑。

1. 应力仿真分析

选用 U 形环作为典型连接金具进行接触应力有限元分析。仿真了不同连接配合间的接触应力大小和分布状态，判断在配合发生相对磨损时，U 形环的磨损破坏形式。建立了 U 形环仿真模型，选择了型号 U-12 的 U 形环作为研究对象；U-12 的材料为结构钢，弹性模量为 200GPa，屈服强度为 250MPa，抗拉强度为 460MPa，与实际 U 形环性能基本一致。图 3-59 为 U 形环仿真建模图，网格节点 14 000 余个，单元 7000 余个，关键区域进行了局部加密处理。本次加载力从 0kN 逐步增加至 20kN（约 2t），该载荷通过螺栓（销）处加载，与 U 形环的实际承载条件保持一致。

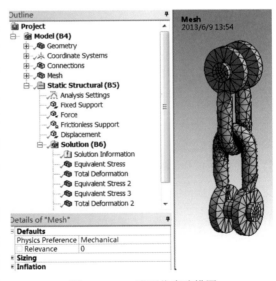

图 3-59　U 形环仿真建模图

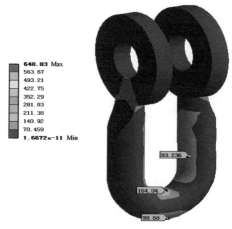

548.83 Max
563.67
493.21
422.75
352.29
281.83
211.38
140.92
70.459
1.6672e-11 Min

83.236
164.04
99.58

图 3-60 配合过程中上 U 形环的
等效应力分布图

图 3-60 为上 U 形环的接触应力计算分布图，上、下 U 形环配合过程中，载荷应力达到 20kN 时，上 U 形环接触区域的表层最大压应力达到了 980MPa，接触部位形成了高应力集中区域。结合现场资料和破坏试验资料，在上、下 U 形环发生相对运动时，荷载 20kN 时，高应力集中区域将发生材料失效破坏现象，局部将磨损严重，U 形环有断裂的危险，即使等效应力仍处于安全范围内。

2. 磨损试验分析

对于沙漠区域的同走廊输电线路，连接金具的损伤基本一致。磨损试样均采用型号为 U-12 的 U 形环（标称荷载 20t）为研究对象，如图 3-61 所示，采用 2 个 U 形环进行搭接，然后进行磨损试验，根据连接金具接触应力仿真分析结果选择了试验参数，见表 3-11。根据 U 形环的现场实际使用条件和应力仿真结果，制定不同试验载荷和磨损次数的实物磨损试验参数。对 U 形环进行实物摇摆磨损试验后，对所有经过磨损的 U 形环进行实物破坏载荷试验，获得磨损后的破坏载荷。

图 3-61 U 形环破坏载荷试验布置图

表 3-11 磨 损 试 验 参 数

试验参数	参数数据
频率（Hz）	1
摆动幅度（°）	30
加载载荷（t）	0.4、0.6、0.8
摩擦次数（万次）	5、10、15

按照上述试验参数进行了磨损试验,对磨损完后的 U 形环进行截面尺寸的测量和破坏载荷试验,统计出磨损后 U 形环剩余尺寸与磨损后破坏载荷的结果数据,见表 3-12。

表 3-12　　　　　　　　　　　　　试 验 结 果 表

试验载荷（t）	磨损次数（万次）	截面剩余尺寸（mm）		磨损后破坏载荷（kN）
		上 U 形环	下 U 形环	
0.4	5	17.88	18.94	218.0
0.4	5	17.62	18.51	235.8
0.4	5	17.97	18.45	226.1
0.4	10	16.78	17.44	200.5
0.4	10	17.02	18.21	220.3
0.4	10	17.17	17.40	220.4
0.4	15	15.54	15.91	190.9
0.4	15	15.02	16.28	192.9
0.4	15	16.38	17.18	209.2
0.6	5	17.85	18.02	215.2
0.6	5	17.64	17.70	222.8
0.6	5	17.71	17.73	214.9
0.6	10	14.78	15.87	180.5
0.6	10	15.49	15.56	199.7
0.6	10	16.64	16.69	204.4
0.6	15	12.24	13.15	145.1
0.6	15	13.94	14.51	162.1
0.6	15	12.15	12.56	145.4
0.8	5	14.90	16.08	187.3
0.8	5	16.51	17.08	206.2
0.8	5	17.50	18.08	214.6
0.8	10	13.16	13.58	152.8
0.8	10	11.35	11.86	130.9
0.8	10	12.74	13.74	150.5
0.8	15	10.01	10.35	111.0
0.8	15	9.23	9.45	97.8
0.8	15	4.7	5.48	86.1

由试验可知，U 形环的承载力随着试验载荷及磨损次数的增加而减小，磨损次数对 U 形环承载力的变化变得逐渐敏感，当试验载荷超过 0.8t 时，随着次数由 5 万次升至 15 万次，破坏载荷下降速度最快。

3. 神经网络分析

（1）神经网络分析计算目标建立。采用神经网络建立 U 形环磨损试验条件与试验结果之间的映射模型，根据 U 形环磨损试验结果，建立了 U 形环磨损后尺寸与剩余强度的映射关系，以便估算磨损后的 U 形环剩余强度。

首先，以试验载荷和磨损次数为输入条件，上 U 形环相对磨损率为输出结果的神经网络模型，如图 3-62 所示。

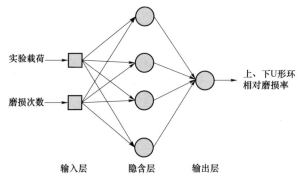

图 3-62　上、下 U 形环相对磨损率预测模型

然后，以上部和下部 U 形环磨损后尺寸为输入条件，磨损后 U 形环的残余强度为输出结果的估算模型，如图 3-63 所示。

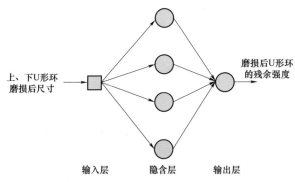

图 3-63　U 形环的残余强度估算模型

（2）神经网络计算步骤。在 U 形环磨损试验基础上，对试验数据进行神经网络计算，获得了 U 形环磨损的预测模型，计算步骤如图 3-64 所示。

1）对 U 形环磨损试验的实测数据进行整理，并以实测数据作为训练样本进行神经网络模型训练，计算得到两个预测模型；

2）在试验数据的基础上，对条件数据进行扩充，生产神经网络的输入条件的网格矩阵，并代入神经网络模型进行计算，获得预测数据；

3）整理神经网络模型的输入、输出数据，绘制二维、三维关系曲线。

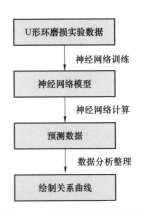

图 3-64　神经网络计算流程

以试验载荷和磨损次数为输入条件，分别以上 U 形环相对磨损率、下 U 形环相对磨损率以及磨损后平均静拉力为输出条件，建立针对试验条件与试验结果的映射关系分析的神经网络模型。试验载荷范围取 [0.4，0.8]，磨损次数范围取 [5，15]，按照 21×21 的网格密度生成等间距二维网格作为神经网络模型的输入数据，进行计算获得对应的上 U 形环相对磨损率数值，绘制三维曲线。如图 3-65～图 3-67 所示：上、下 U 形环相对磨损率及剩余强度随试验载荷及磨损次数的增加而降低。

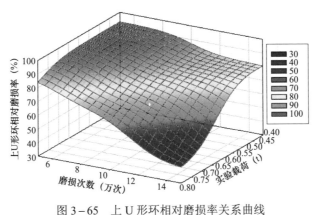

图 3-65　上 U 形环相对磨损率关系曲线

同时，为方便的预估 U 形环磨损后的可使用静拉力强度，分别以上 U 形环磨损后尺寸和下 U 形环磨损后尺寸为输入条件，建立预估磨损后残余静拉力强度的神经网络预估模型。通过神经网络训练后，获得 U 形环磨损后尺寸为输入条件的残余静拉力估算模型。然后，以 U 形环磨损后尺寸的原始试验条件作为神经网络模型的输入，进行计算。将模型的计算结果与试验结果进行误差比较，误差分析表见表 3-13。计算结果与试验原始结果的最大误差为 3.32%，平均误差为 1.31%，计算结果比较理想。

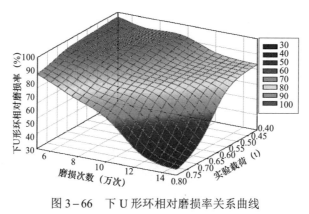

图 3-66　下 U 形环相对磨损率关系曲线

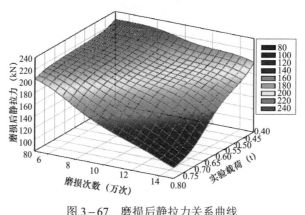

图 3-67　磨损后静拉力关系曲线

表 3-13　　　　　　　　　　　　计算结果表

上 U 形环剩余尺寸（mm）	原始结果（kN）	计算结果（kN）	误差（%）
17.82	226.63	219.12	3.32
16.99	213.73	212.14	0.74
15.65	197.67	194.26	1.72
17.73	217.63	218.69	0.48

上 U 形环剩余尺寸（mm）	原始结果（kN）	计算结果（kN）	误差（%）
15.64	194.87	194.17	0.36
12.78	150.87	148.97	1.26
16.30	202.70	202.12	0.29
12.42	144.73	142.56	1.50
7.98	98.30	96.19	2.15

　　将上 U 形环磨损后尺寸范围取 [8，18]，按照 21×21 的网格密度生成等间距一维矩阵作为神经网络模型的输入数据，进行计算获得了上 U 形环剩余强度值，同理可得下 U 形环磨损剩余强度值。根据计算结果绘制二维曲线，如图 3-68 所示。上、下 U 形环磨损后随尺寸变化的剩余强度变化基本一致，并且上 U 形环磨损后强度稍高于下 U 形环。通过对上、下 U 形环磨损后尺寸与残余静拉力的分析计算，可对线路运维故障分析提供数据参考。

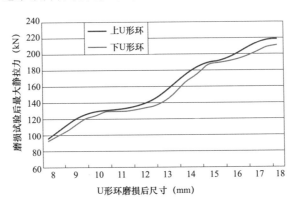

图 3-68　U 形环磨损后尺寸与残余静拉力的关系

3.3.6　QSPM 矩阵评估

1. 连接金具寿命评估因素

　　输电线路走廊气候多变，连接金具工作环境复杂，沙漠区域的输电走廊环境更加恶劣。沙漠区域风速较大，持续时间长，风偏振动严重；沙尘暴发生时，会形成高电位和强电场，抬升了输电线路的电位；输电走廊地形地貌环境复杂，风速风向多变，气象条件恶劣；输电线路参数以及连接金具特征参量不尽相同，这些因素均影响着线路连接金具的运行寿命评估。

（1）沙漠特征环境因素。沙漠特征环境因素主要包括沙尘腐蚀、沙粒磨损等因素，分别描述如下：

1）沙粒腐蚀因素。沙尘中 PM2.5 和总悬浮微粒的可溶性离子平均浓度的总和分别为 $67.17\mu g/m^3$ 和 $202.72\mu g/m^3$，占总质量的 11.5% 和 9.1%；浓度较大的 Ca^{2+}、Na^+ 离子容易腐蚀金具，沙尘环境高腐蚀导致线路金具磨损因素之一，用 V_1 表示。

2）沙粒磨损因素。沙尘直接参与线路连接金具的磨损行为，用 V_2 表示。

3）沙尘电场环境因素。沙尘暴发生时，可以形成高电位和强电场，抬升了输电线路的导线金具电位，强电场环境用 V_3 表示。

（2）输电走廊特征。输电走廊主要包括地形地貌因素、风向以及其他气象因素等，分别描述如下：

1）走廊地形地貌因素。对于某特定走廊的输电线路，同走廊的地形地貌影响着风速和风向等。某条线路连接金具磨损的地形分布特征如图 3-69 所示，取同走廊的地形地貌因素为环境外因指标，用 V_4 表示。

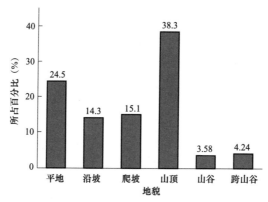

图 3-69　线路连接金具磨损的地形分布特征

2）风速风向因素。从新疆达坂城区域某监测站获取的数据，极大风速超过 45m/s，最大风速超过 33m/s，根据芦信以及杨现臣等的研究，风速因素是导致线路金具磨损因素之一，作为同走廊环境外因指标因素之一，用 V_5 表示。

3）温度因素。沙漠区域温度的剧烈变化，大温差会加剧复合绝缘子两端金具密封性能失效，或者金具材料结构失效，用 V_6 表示。

（3）输电线路特征因素。输电线路特征因素主要包括杆塔高度、杆塔结构、线路档距、绝缘子串型等，描述如下。

1）杆塔高度因素。同样走廊环境特征，杆塔高度不同，决定了绝缘子风振不同，连接金具振动幅度不尽相同，杆塔高度因素用 V_7 表示。

2）杆塔结构因素。杆塔结构不同，如直线塔和转角塔在结构造型上差别巨大。连接金具所受应力也不同，因此取杆塔结构参数为线路连接金具运行寿命的线路特征因素，用 V_8 表示。

3）线路档距。超高压输电线路的高杆塔、大档距、交叉跨越、同塔多回、导线换相等应用越来越多，连接金具形式和所受应力各异，因此档距因素也是线路连接金具运行寿命的线路特征因素之一，用 V_9 表示。

4）绝缘子串型。绝缘子串型主要为 I 串、V 串或反 V 串等，串型不一样，连接金具形式和所受应力也会改变，绝缘子串型因素用 V_{10} 表示。

（4）线路连接金具特性因素。线路连接金具特性因素包括材料、表面特性、结构等，描述如下：

1）材料因素。不同金具材料，防止磨损的能力不尽相同，材料因素用 V_{11} 表示。

2）表面因素。为了应对金具的磨损，除了材料改进之外，表面处理工艺以及防磨镀层等的使用，提升了金具的耐磨水平，表面因素用 V_{12} 表示。

3）金具结构因素。连接金具结构的特征因素，用 V_{13} 表示。

2. 技术原理

QSPM 矩阵是一种重要分析方面，能够综合、系统和客观地分析评估各种影响因素。采用改进型的 QSPM 矩阵对输电线路连结金具的寿命影响因素定量分类，引入了模糊数学和灰色理论对各影响因素指标进行综合评判，计划将沙漠地区某同走廊 750kV 线路的连接金具进行分区段评估，根据各区段及各专家的评分建立相关的矩阵，可定量显示输电线路的连接金具寿命。

（1）改进型 QSPM 矩阵。针对线路连接金具寿命评估指标因素，可建立相应的专家打分矩阵，邀请相关专家对线路各区段连接金具寿命评估进行打分并统计，见表 3-14，U_i 代表输电线路各区段，m 代表线路区段数量；E_i 代表专家，i 代表数量，$i = 1, 2, \cdots, n$。

表 3-14   线路区段连接金具寿命评分矩阵

项目	U_1	U_2	U_3	...	U_m
E_1					
E_2					
E_3					
...					
E_n					

由于传统 QSPM 矩阵是通过专家对各线路区段连接金具寿命进行评分，会存在主观性和局限性，较大地依赖专家对线路金具情况的熟悉了解、主观判断和经验假设。针对上述缺陷，将传统的专家评分替换为连接金具寿命评估指标因素评分，以各项直接或间接影响输电线路连接金具寿命评估的指标因素为基础，进行因素权重评分，并建立基于指标因素的连接金具寿命评估体系，通过对改进后的 QSPM 矩阵进行结果评判，从而对待评估的整条线路连接金具寿命进行定量、多元和综合性的管理评估。

以沙漠地区某同走廊 750kV 线路的连接金具为例，取吐鲁番至哈密线路为连接金具寿命评估对象。按照此线路连接金具运行状态的五年统计值为区分标准，将线路走廊划分为 10 段，分别为各区段做编号①~⑩，矩阵里用 U_1，U_2，…，U_{10} 表示；各连接金具寿命评估指标因素用 V_1，V_2，…，V_{13} 表示，建立改进型 QSPM 矩阵，见表 3-15。

表 3-15   输电线路区段金具寿命指标矩阵

项目		输电线路区段			
		U_1	U_2	...	U_{10}
指标因素	V_1				
	V_2				
	...				
	V_{13}				

（2）改进型 QSPM 矩阵验证。依据表 3－15 矩阵，首先需对各指标因素的判断矩阵进行一致性检验和计算综合权重，判断矩阵见表 3－16。

表 3－16　　　　　　　　　　指 标 因 素 比 较

吸引力	含　义
1	两指标因素相比，同样重要
3	两指标因素相比，前者稍微重要
5	两指标因素相比，前者较为重要
7	两指标因素相比，前者特别重要
9	两指标因素相比，前者极端重要

评分结果建立指标因素判断矩阵见表 3－17。

表 3－17　　　　　　　　　　指 标 因 素 判 断 矩 阵

项目	V_1	V_2	...	V_m	W
V_1	1	V_{12}		V_{1m}	W_1
V_2	V_{21}	1			W_2
...	...		...		...
V_m	V_{n1}			1	W_m

其中，$V_{ij} = 1/V_{ji}$，如 $V_{12} = 1/V_{21}$；W_i 为各影响量计算出的权重，$\sum W_i = 1$。影响量判断矩阵用于各影响量一致性检验和计算综合权重 W_i

$$W_i = \frac{1}{m} \sum_{j=1}^{m} \frac{V_{ij}}{\sum_{k=1}^{m} V_{ik}} \qquad (3-5)$$

（3）确定评价等级和灰色权矩阵。在改进型 QSPM 矩阵的基础上引入灰色理论和模糊数学方法进行线路连接金具寿命评估指标矩阵的最终结果打分评判，力求用更加客观、科学、合理的评价方法对矩阵进行改进，弥补了传统 QSPM 矩阵在定量上的局限性，最终结果打分也会对线路的线路连接金具寿命评估有较为直观和科学的评价分值。

灰色理论是同时包含已知信息和未知信息的系统，认为输电线路连接金具寿命评估指标因素的行为现象尽管是多源、模糊的，数据是复杂且独立的，但毕竟是有序的，所有数据集合在一起就组成事物的表象，是有整体功能的。因此灰色理论的应用，就是从杂乱中寻找出规律。同时，灰色理论建立的是生成数据模型，不是原始数据模型，通过分析线路连接金具寿命评估各指标因素的关联性和其值的测度，用"灰数据"来处理各影响量的随机性和不确定性，并发现规律，使数据系统的灰度不断减小，白度逐渐增加，直至认识系统的规律性。模糊数学是给QSPM 矩阵中一些定性指标定量化提供数学赋值，能够解决不同影响量之间的逻辑性和权重对比关系。

　　首先采用线路连接金具寿命评估方法，对输电线路的线路连接金具寿命评估分为 A、B、C、D 四个等级，A 级为风险等级最低。为方便矩阵运算，这里用 9 分制对四个等级进行赋值，四个等级分别对应 9、7、5、3 四个分值，由此建立评价等级集合为：$P = [9，7，5，3]$。

　　同时，建立矩阵

$$A = (a_{ij})_{m \times n} \qquad (3-6)$$

a_{ij} 代表第 j 个输电线路区段的第 i 项线路连接金具寿命评估指标因素的具体分值，打分采用 9 分制。

　　根据文献，结合评价等级 P，选取常用白化权函数

$$f_n(a_{ij}) = \begin{cases} a_{ij}/x_n, a_{ij} \in [0, x_n] \\ 2 - a_{ij}/x_n, a_{ij} \in [x_n, 2x_n] \\ 0, a_{ij} \notin [0, 2x_n] \end{cases} \qquad (3-7)$$

其中，$n = 1，2，3，4$，$x_1 = 9$，$x_2 = 7$，$x_3 = 5$，$x_4 = 3$；则矩阵灰色评估权值

$$n_{ik} = \sum_{j=1}^{n} f_k(a_{ij}), k = 1, 2, 3, 4 \qquad (3-8)$$

$$n_i = \sum_{k=1}^{4} n_{ik} \qquad (3-9)$$

得到灰色权矩阵 $R(r_{ij})_{m \times 4}$

$$r_{ij} = n_{ik}/n_i \qquad (3-10)$$

由式（3-5）的指标因素综合权重 W_i 和灰色权矩阵进行复合运算，得出模糊

综合评判矩阵

$$B = W_i \cdot R \qquad (3-11)$$

再有 B 和评价等级集合 P 进行复合运算，即可得此条线路的线路连接金具寿命评估的最终评价结果

$$S = B \cdot P \qquad (3-12)$$

3. 评估体系应用

（1）构建输电线路连接金具寿命评估体系。以沙漠地区某同走廊 750kV 线路的连接金具为例，取吐鲁番至哈密线路为连接金具寿命评估对象。按照此走廊的线路连接金具运行状态的五年统计值为区分标准，将线路走廊划分为 10 段。再依据上述连接金具运行寿命的建立因素表。

输电线路连接金具运行寿命指标因素较多，这在评判模型应用中会带来信息"重叠、抵消和忽略"的结果，一方面，各指标因素权重很难准确分配；另一方面，为满足矩阵一致性判断，各指标因素分配的权重必然很小，在一点程度上影响分配的客观性，甚至很难得出结果。因此，需根据各影响量的内在联系进行分层分类。以输电线路实际情况为基础，并根据指标因素的本质特性、对线路连接金具寿命评估的内因和外因影响等，将指标因素归为四大类，见表 3-18。对指标因素进行归类有利于线路连接金具寿命评估的结构化和系统化，是输电线路连接金具运行寿命评估"自身因素"和"外界因素"之间的有机结合。

表 3-18　　　　　　　　　　连接金具寿命评估指标因素

	沙粒腐蚀因素	V_1
沙漠环境特征	沙粒磨损因素	V_2
	沙尘电场因素	V_3
	同走廊地形地貌因素	V_4
输电走廊特征	风速风向因素	V_5
	温度因素	V_6
输电线路特征	杆塔高度因素	V_7
	杆塔结构因素	V_8

输电线路特征	线路档距因素	V_9
	绝缘子串型因素	V_{10}
连接金具特性	材料因素	V_{11}
	表面因素	V_{12}
	金具结构因素	V_{13}

（2）专家评判。邀请省级运检公司、电力科学研究院、送变电公司以及省级质检单位等共 10 位专家进行问卷调查，对沙漠地区某同走廊 750kV 线路因素之间的相互影响和吸引力进行评分，评分依据参考历年线路连接金具的运行统计、入网试验及经验分析。利用式（3－5）算出各影响量权重 W。以下对四类指标因素分别进行一致性判断（见表 3－19～表 3－22）。

表 3－19　　　　　沙漠环境特征指标因素判断矩阵

项目	V_1	V_2	V_3	W	一致性检验
V_1	1	2	5	0.58	$CR = 0.000\,5 < 0.1$ 通过一致性检验
V_2	0.5	1	3	0.31	
V_3	0.2	0.33	1	0.11	

表 3－20　　　　　输电走廊特征指标因素判断矩阵

项目	V_4	V_5	V_6	W	一致性检验
V_4	1	2	3	0.54	$CR = 0.001\,6 < 0.1$ 通过一致性检验
V_5	0.5	1	1.5	0.28	
V_6	0.33	0.67	1	0.18	

表 3－21　　　　　输电线路特征指标因素判断矩阵

项目	V_7	V_8	V_9	V_{10}	W	一致性检验
V_7	1	5	9	5	0.65	$CR = 0.000\,5 < 0.1$ 通过一致性检验
V_8	0.2	1	2	1	0.14	
V_9	0.11	0.5	1	0.5	0.07	
V_{10}	0.2	1	2	1	0.14	

表 3-22　　　　　　　　　　　　连接金具特性指标因素判断矩阵

项目	V_{11}	V_{12}	V_{13}	W	一致性检验
V_{11}	1	1.5	2	0.51	$CR=0.01<0.1$ 通过一致性检验
V_{12}	0.67	1	1	0.30	
V_{13}	0.5	1	1	0.19	

各指标因素判断矩阵满足一致性检验，因素之间协调性通过检验。指标因素权重集合为 W，对 W 做归一化处理

$$W=[0.141,0.075,0.026,0.132,0.066,0.044,0.160,$$
$$0.033,0.017,0.033,0.123,0.079,0.073]$$

（3）评估指标因素评分矩阵。按照待评估线路的 10 个区段，每个区段分别针对各项指标因素进行打分，打分结果形成 13×10 的矩阵 F。以同走廊的地形地貌特征分析为例，山顶发生连接金具磨损行为严重，评分均最低，山平原地形连接金具磨损行为均较轻，此类区段评分较高。结合线路地形现场勘测实际，对地形地貌指标因素打分结果为

$$F_4=[8,7,7,8,9,7,6,7,8,8]$$

综上，同理对 10 个区段线路分别做以上指标因素打分，最后得分统计为矩阵 F，如表 3-23 所示。

表 3-23　　　　　　　　　　　　指 标 因 素 统 计 矩 阵

项目	U_1	U_2	U_3	U_4	U_5	U_6	U_7	U_8	U_9	U_{10}
V_1	5	9	8	6	7	8	7	8	7	7
V_2	7	8	8	7	7	8	7	8	8	8
V_3	6	6	7	5	5	6	5	6	7	7
V_4	8	7	7	8	9	7	6	7	8	8
V_5	8	8	7	7	8	6	7	8	8	7
V_6	9	8	8	8	9	8	9	8	8	8
V_7	8	7	7	8	8	8	7	7	7	8

续表

项目	U_1	U_2	U_3	U_4	U_5	U_6	U_7	U_8	U_9	U_{10}
V_8	7	7	6	6	6	7	6	7	8	7
V_9	7	8	9	8	8	7	8	8	7	7
V_{10}	5	4	5	6	3	4	5	6	5	6
V_{11}	4	5	5	5	6	6	5	6	5	4
V_{12}	8	6	8	9	7	7	8	8	7	8
V_{13}	7	7	8	8	8	7	7	8	8	8

（4）计算评价结果。根据式（3-7）～式（3-10），可算出矩阵 $\boldsymbol{F}$ 的灰色权矩阵 $\boldsymbol{R}$

$$\boldsymbol{R}=\begin{bmatrix} 0.351\,0 & 0.388\,6 & 0.245\,7 & 0.014\,6 \\ 0.377\,2 & 0.408\,4 & 0.214\,4 & 0 \\ 0.275\,0 & 0.353\,6 & 0.330\,1 & 0.041\,3 \\ 0.373\,1 & 0.403\,0 & 0.223\,9 & 0 \\ 0.364\,4 & 0.405\,2 & 0.230\,4 & 0 \\ 0.433\,9 & 0.394\,6 & 0.171\,5 & 0 \\ 0.368\,4 & 0.410\,5 & 0.221\,1 & 0 \\ 0.319\,1 & 0.398\,0 & 0.282\,9 & 0 \\ 0.377\,2 & 0.408\,4 & 0.214\,4 & 0 \\ 0.220\,3 & 0.283\,3 & 0.348\,0 & 0.148\,4 \\ 0.227\,1 & 0.292\,0 & 0.360\,7 & 0.120\,2 \\ 0.382\,1 & 0.400\,7 & 0.217\,2 & 0 \\ 0.368\,4 & 0.410\,5 & 0.221\,1 & 0 \end{bmatrix} \quad (3-13)$$

根据式（3-11），得出

$$B=W \cdot R=[0.344\,8,0.383\,8,0.248\,6,0.022\,8]$$

由式（3-12）得出最终评价结果

$$S=B \cdot P=7.101\,2 \quad (3-14)$$

此走廊输电线路线路连接金具寿命评分为 $S=7.057\,4>7$，属于等级 B，风险等级较低，存在 1～2 次金具磨损导致的运行风险。根据此走廊输电线路五年线路的运行结果显示存在连接金具寿命风险为 2 次，评估结果同样为等级 B，评估得分应偏低，与矩阵统计评分较为一致。由于输电线路长度较长、跨度较大，且金具防止磨损措施及相关标准不断改进，地形地貌环境等信息随时间或社会生活进步也会随之变化，但提供方法拓展性强，不受输电线路长度和地域限制，例如输电线路长度可扩展为无限长，区域分段可增加为 n，线路连接金具寿命评估指标因素可根据实际和标准的改变相应增加为 m，只需对矩阵行列进行改变即可运算。

3.4　间 隔 棒 磨 损

3.4.1　间隔棒磨损现状

采用图像或者视频的方法可以现场捕捉输电线路的运动轨迹或者故障探寻，采用视频的方法，获取了 2014 年 4 月 24 日沙尘暴天气环境新疆达坂城附近某 750kV 输电线路耐张塔附近的 A 相导线运动轨迹，如图 3-70 所示。

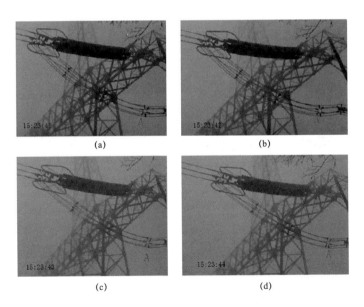

图 3-70　导线运动轨迹

（a）A 间隔棒上扬；（b）继续上扬；（c）上升到一定等级；（d）回落

从分裂导线运动轨迹来看，导线朝杆塔相反方向运动，图 3-70（a）中，A 间隔棒开始上扬，到图 3-70（c）的时候上升到一定的高度后，图 3-70（d）开始回落，整个过程大约 5s。这个过程中，导线受到了向上的扭力。附近的风速如图 3-71 所示，极大风速在 30m/s 以上，变化的周期大概在 5s 左右，风速变化幅度 16m/s，这些区域风害持续时间长，最长可达 200 天/年，现有的输电杆塔设计无法满足这些沙漠风区的防风要求。

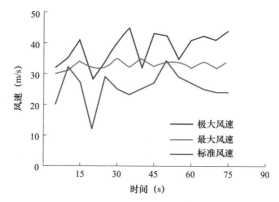

图 3-71　附近监测站现场风速数据

在这种风带走廊的 750kV 特高压输电线路导线间隔棒，运行时间不超过 2 年，陆续出现了许多的磨损松动损坏，如图 3-72 所示。松动磨损部位主要集中在间隔棒框体与支臂的连接位置［见图 3-72（a）］，这些典型磨损部位包括：螺栓孔［见图 3-72（d）］、限位装置［见图 3-72（c）］、阻尼十字轴［见图 3-72（d）］等。

结合现场视频分析、风速数据和磨损照片以及相关文献资料，可以总结如下：

（1）走廊风速大，持续时间长，导线运动状态复杂，处于不断张弛过程中，并且受到了扭转力的影响；

（2）分裂间隔棒受到导线运动的影响，受到了扭转力的影响，不断转动，限位装置以及螺栓不断运动，容易出现磨损松动，阻尼十字轴的运动直接导致里面的橡胶材料会发热老化。

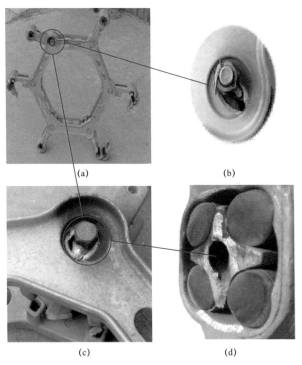

(a) (b)

(c) (d)

图 3-72　分裂导线间隔棒的磨损图片

（a）松动磨损部位；（b）螺栓孔；（c）限位装置；（d）阻尼十字轴

3.4.2　间隔棒磨损机制

1. 理化成分分析

分别在磨损失效的间隔棒框体及十字轴中随机进行抽取 3 组样品并进行理化分析，见表 3-24。从结果可以看出间隔棒框体及十字轴的主要成分均为 Si 元素，框体 Si 元素含量比十字轴的稍高，这些主族元素均在标准值范围内。

表 3-24　　　　　　　　　失效间隔棒化学成分（wt %）

实测值		Si	Fe	Cu	Mn	Mg	Ni
框体	1	12.2	0.4	0.094	0.028	0.037	0.016
	2	11.5	0.2	<0.005	<0.005	<0.005	<0.005
	3	11.8	0.2	<0.01	≤0.01	≤0.01	<0.005

实测值		Si	Fe	Cu	Mn	Mg	Ni
十字轴	1	10.8	0.3	0.085	0.026	0.038	0.015
	2	11.0	0.3	<0.005	<0.005	<0.005	<0.005
	3	11.6	0.2	<0.01	≤0.01	≤0.01	<0.005
标准值		10.0～13.0	≤1.0	≤0.3	≤0.5	≤0.10	≤0.03

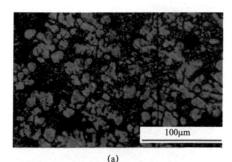

(a)

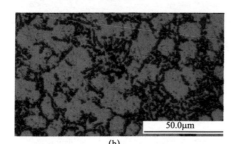

(b)

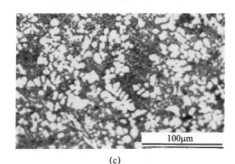

(c)

图 3－73　金相组织图
（a）样品 1；（b）样品 2；（c）样品 3

对 3 组样品进行了金相组织观察，从图 3－73 金相组织中观察发现：

（1）样品 1 中为 α 固溶体、（$\alpha+Si$）共晶体以及少量初晶硅［见图 3－73（a）］；

（2）样品 2 中为 α 固溶体和（$\alpha+Si$）共晶体［见图 3－73（b）］；

（3）样品 3 中为 α 固溶体和（$\alpha+Si$）共晶体［见图 3－73（c）］。

总体来说框体及十字轴的特征为树枝状 α 固溶体和（$\alpha+Si$）共晶体，金相组织中的共晶体均很细小，具有较好的综合力学性能，属于较理想的组织形貌，符合标准值。

2. 间隔棒阻尼橡胶耐低温性能测试

间隔棒阻尼十字轴内的合成橡胶对于分裂导线间隔棒而言，减少风力变化引起了间隔棒的交变疲劳，起到阻尼减缓作用，一定程度降低了磨损程度。但是间隔棒的低温下压缩变形能力是考核阻尼作用的关键指标。根据西北地区相关低温的记录，选择 $-40℃$ 进行压缩变形试验，三个样品分别为 0.6%、0.7% 和 0.9%，均低于 3.5%，满足低温的永久变形值标准要求。

阻尼橡胶的硬度同样反映了间隔棒的阻尼性能,沙漠区域昼夜温差较大(以观测的输电走廊为例,微气象信息显示:走廊最高气温可达 67.5℃,最低温度达 −35.9℃,日温差 23℃),需要进行温度变化过程中的邵氏硬度测试。选择 −50℃ 到 80℃ 进行相关的测试,结果如图 3−74 所示。从图中可以看出间隔棒的阻尼橡胶的硬度从 −50∼−30℃ 迅速下降,而在 −30∼80℃ 时,硬度值变化不大,并且在常温区域阻尼橡胶的硬度值基本保持恒定,基本符合要求。

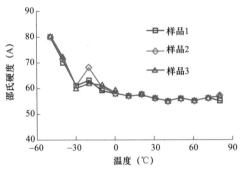

图 3−74 温度变化过程中的邵氏硬度

3. 力学性能试验

根据前面分析可知,失效间隔棒材料本身未发生较大的改变。根据 DL/T 1098—2016 提供的检测方法,收集达坂城附近某 750kV 输电线路的失效间隔棒,截取拉伸试样后进行拉伸试验,相关的试验结果如图 3−75 和图 3−76 所示。

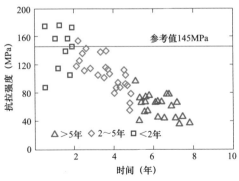

图 3−75 分裂导线间隔棒的抗拉强度

从图 3-75 可以看出：

（1）运行 2 年以上的间隔棒，材料抗拉强度基本小于参考值 145MPa；

（2）运行 2 年以下的间隔棒，部分小于 145MPa，且随机性比较大，这跟厂家的制造水平有一定的相关性；

（3）总的趋势来看，风害区域走廊间隔棒的抗拉强度随着时间的增长呈下降趋势，并且随机性随着时间略有下降。

图 3-76 是间隔棒样品延伸率的曲线图，延伸率亦有相同的趋势：

（1）运行 2 年以上的间隔棒，延伸率基本小于参考值 4.0%；

（2）少量的运行 2 年以下间隔棒小于 4.0%，延伸率的随机性相对较小；

（3）总体趋势上来说两者之间存在一定的相关关系，即延伸率随着材料时间变化而呈一定线性减小。

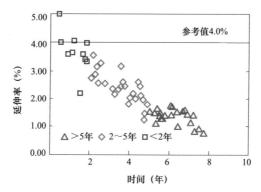

图 3-76　分裂导线间隔棒的延伸率

4. 结构分析

根据现场观测结果，导线随着风力周期变化不断摆动，是金具磨损主要的原因。在这个不断变化的过程中，间隔棒随着导线运动，实际应用中的支臂处于振动状态，采用的紧固件不是高强钢，间隔棒的支臂与框体出现了松动，随着时间的推移，构件之间逐渐出现了滑动间隙，进而发生磨损直至失效。

现场间隔棒支臂与框体连接采用有两种连接方法，图 3-77（a）所示采用弹簧垫片加末端销钉方式，图 3-77（b）所示采用了螺栓端部铆死方式。采用弹簧加销钉方式防松动方式相对来说较为合理，接触面积相对较大，释放了一定的能量，一定程度上减少了磨损。

(a)　　　　　　　　　　　　　　　　(b)

图 3－77　间隔棒支臂与框体连接方式

（a）弹簧垫片加末端销钉；（b）螺栓端部铆死

3.4.3　间隔棒选型分析

1. 达坂城线路选型

750kV 输电线路的分裂导线间隔棒主要分为单框体结构和双框体结构。图 3－78（a）和图 3－78（b）为双框体结构，分别为双框体间隔棒 A、B 两种线夹形式，图 3－78（c）为单框体结构，其中红色区域为易磨损区域，下面对各类型间隔棒结构的耐磨性能进行详细分析。由于间隔棒的磨损一般出现在线夹的关节连接部位（见图 3－79），因此着重对该区域进行分析。

(a)　　　　　　　　　　(b)　　　　　　　　　　(c)

图 3－78　间隔棒的框体结构

（a）、（b）双框体；（c）单框体

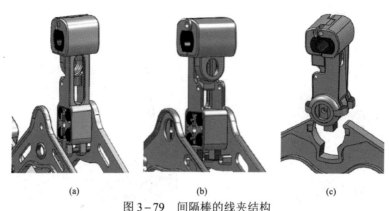

(a)　　　　　　　　　　　　　　(b)　　　　　　　　　　　　　　(c)

图 3-79　间隔棒的线夹结构

(a) 双框体间隔棒 A 型线夹；(b) 双框体间隔棒 B 型线夹；(c) 单框体间隔棒线夹

双框体间隔棒 A 型线夹 [见图 3-79 (a)] 分析：关节连接部位，其外框板的内侧铸有一带槽凸台，槽内配合十字轴的凸出部分，该类接触接触面积较大，对十字轴的约束较为到位。在螺栓预紧力（参考值 95~105kN·m，这里取 97kN·m）的作用下，两侧外框板将十字轴紧紧夹住，可进一步防止十字轴松动，使线夹在摆动时，十字轴与各接触面均为静摩擦状态，无相对滑动位移，可最大限度地降低其磨损程度，进一步减少风力变化引起了间隔棒的交变疲劳。该型间隔棒没有铸造凸起的线夹摆动限位块，而利用了外框板上的孔与线夹底部的销起到限位作用，其结构相对简单，由于限位销采用高强合金或不锈钢，也使此处的承载能力大大加强。

双框体间隔棒 B 型线夹 [见图 3-79 (b)] 分析：间隔棒的外框板开有通孔槽，十字轴的上凸起两个小圆柱，通过两个小圆柱与外框板进行配合约束。由于该十字轴与外框板槽体间的接触面积较小，因此其约束作用较差，在小圆柱磨损后，线夹将发生较大角度的摆动，直至碰到限位块，B 型间隔棒的限位块分别铸造在线夹底部和外框板上，限位块体积较大，限位承载力较大。

单框体间隔棒线夹 [见图 3-79 (c)] 分析：该间隔棒线夹中没有嵌入式十字轴，而是在线夹本体上铸有凸台，该凸台与框体上的凹槽相配合。由于没有活动的十字轴，因此不存在上述间隔棒十字轴与外框板的磨损现象；同时由于线夹凸台与框体凹槽配合的接触面积较大（均大于双框体），因此即使在极端条件下，线夹与框体间的磨损也能降到最低。

根据前面的分析可知，单框体与双框体间隔棒在结构上均能够满足需求，但是双框体 A 型线夹效果最好。在达坂城附近某 750kV 所使用主要是双框体型间隔棒，使用了双框体 A 型线夹，运行超过 18 个月，未发现明显十字轴松动等磨损前期迹象，具有较高的运行可靠性。根据分析和应用，建议在西北地域使用双框体 A 型间隔棒。

2. 某 750kV 线路选型

目前，在该 750kV 线路上应用的间隔棒有三种类型，分别用 A、B、C、表示，另外，在另一线路上应用的主要是 A 型，A、B 两种间隔棒均为双框体结构，而 C 型单框体结构。图 3-80～图 3-85 为各类间隔棒的关键结构示意图，其中红色区域为易磨损区域，下面对各类型的间隔棒结构的耐磨性能进行详细分析。

图 3-80　A 型间隔棒整体结构图

由于间隔棒的磨损一般出现在线夹的关节连接部位，因此，此处着重对该区域进行分析。A 型间隔棒的外框板开有通孔槽，十字轴的上凸起两个小圆柱，通过两个小圆柱与外框板进行配合约束。由于该十字轴与外框板槽体间的接触面积较小，因此其约束作用较差，在小圆柱磨损后，线夹将发生较大角度的摆动，直至碰到限位块。A 型间隔棒的限位块分别铸造在线夹底部和外框板上，限位块体积较大，限位承载力较大。

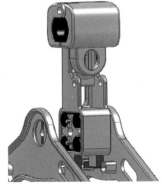

图 3-81　A 型间隔棒线夹关节结构

图 3-82、图 3-83 所示为 B 型间隔棒的线夹关节连接部位，其外框板的内侧铸有一带槽凸台，槽内配合十字轴的凸出部分，因此该类接触接触面积较大，对十字轴的约束较为到位。同时在螺栓预紧力的作用下，两侧外框板将十字轴紧紧夹住，可进一步防止十字轴的松动，使线夹在摆动时，十字轴与各接触面均为静摩擦状态，无相对滑动位移，因此可最大限度地降低其磨损程度。该型间隔棒没有铸造凸起的线夹摆动限位块，而利用了外框板上的孔与线夹底部的销起到限位作用，其结构相对简单，由于限位销采用

图 3-82 B 型间隔棒整体结构

高强合金或不锈钢，也使此处的承载能力大大加强。

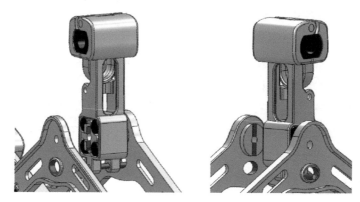

图 3-83 B 型间隔棒线夹关节结构

如图 3-84、图 3-85 所示，C 型间隔棒与上述两类间隔棒的结构有较大区别，其为单框体结构。

该间隔棒线夹中无嵌入式十字轴，而是在线夹本体上铸有凸台，该凸台与框体上的凹槽相配合。由于没有活动的十字轴，因此不存在上述间隔棒十字轴与外框板的磨损现象；同时由于线夹凸台与框体凹槽配合的接触面积较大（均大于 A、B 两种类型），因此即使在极端条件下，线夹与框体间的磨损也能降到最低。

图 3-84 C 型间隔棒整体结构

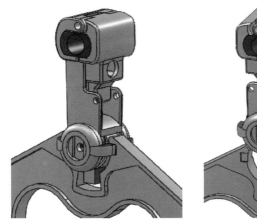

图 3-85　C 型间隔棒线夹关节结构

综上所述，B、C 型间隔棒在结构上均具有一定的优势，经实际使用证明，在该 750kV 输电线路上所使用主要是 B 型间隔棒，尤其将吐哈线上的原 A 型全部更换成了 B 型，运行 1 年多以来，未发现明显十字轴松动等磨损前期迹象，具有较高的运行可靠性。因此，建议在新疆大风地域使用 B 型间隔棒，且必须注意线夹连接螺栓的防松措施和阻尼橡胶块的耐低温性能。

3.5　地线绝缘子及配套金具损伤

3.5.1　结构特点

地线复合绝缘子可以分为绝缘子以及配套金具（包括保护间隙）两部分，如图 3-86 所示。

复合绝缘子部分由玻璃纤维芯棒、硅橡胶伞裙和金具三部分组成。硅橡胶伞裙采用整体注压完成，典型故障出现在金具压接区域、伞裙区域位置。

金具部分一般由连接金具和悬垂线夹组成。架空地线中易产生磨损的地线悬垂线夹由线夹船体、压板、U 形螺钉、挂板和闭口销组成，其中线夹船体和压板为可锻铸铁件，闭口销为不锈钢制件，其余为钢制件。连接金具由直角环和 U 形螺钉组成。闭口销为不锈钢制件，其余均为钢制件，其中可锻铸铁件和钢件均采

图 3-86　典型地线绝缘子

用热镀锌。

悬垂线夹通过两个 U 形环与杆塔横担相连。U 形端部螺钉与直角环连接、直角环与悬垂线夹挂板连接，悬垂线夹挂板与悬垂线夹船体挂轴相连，形成以 U 形螺钉、U 形直角环和线夹挂板为臂的上下 3 点铰接连接方式。地线金具的磨损点主要分布在 3 个地方：磨损点 1，直角环与 U 形螺钉连接处的磨损，磨损较严重；磨损点 2，直角环与悬垂线夹挂板间的磨损，磨损较轻；磨损点 3，悬垂线夹挂板与船体挂轴间的磨损，磨损最严。

3.5.2　故障原因分析

1. 绝缘子部分

长期强风压迫复合绝缘子的伞裙，直接导致伞裙的形变发生，部分复合绝缘子的大伞裙出现三个阶段：

（1）部分外表完整的大伞裙在受到长期风压外作用时，根部区域将针刺点状裂纹；

（2）随着时间推移和形变加剧，针状裂纹逐渐迅速扩展，将出现链状细微裂纹，逐步发展为细小裂纹；

（3）细小裂纹伞裙的逐步贯连，形成狭长的小裂纹，最后完全撕裂，形成贯穿性的断裂裂纹，最终形成伞裙断裂故障。

2. 金具部分

对地线金具的磨损部位经过扫描电子显微镜分析，接触部位的疲劳磨损出现了断裂微纹，如图 3-87 所示。这种微小裂纹随时间的加长，不断增多和扩大，金具的有效承载界面不断减小，超过承担载荷时，金具将发生断裂。

设计地线金具时，一般会考虑到抗拉强度因素，但较少考虑连接位置的磨损。这些连接位置在较小的风力下也会产生振动，这种振动减速了连接位置的磨损破坏。或者线夹位置与地线线没有压紧，在风力的作用下产生相对运动，也会造成地线及金具的磨损。

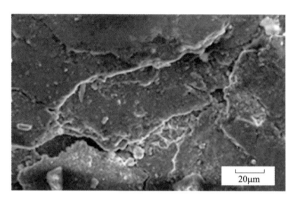

图 3-87　磨损金具形貌电镜图

3.5.3　绝缘子优化设计

分析复合绝缘子伞裙的风压分布情况，发现了几点规律：

（1）迎风角为 50° 时，绝缘子串承受的风压最大，在这种情况下，伞裙迎风侧上下表面形成了月牙形的风压区域，这两个区域的形成风压方向相反。

（2）相同直径以及大小大的绝缘子流线分布相对平顺，并且伞裙边缘的形变与风压成正线性关系。单位风压下的绝缘子边缘形变 t 可以根据式（3-15）进行计算

$$t = \frac{kS}{10g} \tag{3-15}$$

式中：k 为伞裙的单位形变，mm/kg；S 为伞裙的有效面积，cm^2；g 为重力加速度，取 $9.8 m/s^2$。

根据这些规律，进行地线绝缘子设计时，采用相同直径的小伞绝缘子，设计的绝缘子 k 取 4.3mm/kg，S 取 $902.51 cm^2$，可得 t 为 3.96mm/kPa，该值相对较小，也就是风压引起的形变非常小。另外在安装地线绝缘子时，尽量使迎风角大于 85° 或者小于 15°。

3.5.4　金具部分优化设计

1. 缺陷分析

根据地线的磨损缺陷，针对 U 形螺钉与直角挂环、挂板与耳轴等部位，从结

构上进行了优化，包括：

（1）单纯加大连接处的面积；

（2）采用 Y 形线夹；

（3）采用斜交叉式连接方式；

（4）换用螺栓连接，加自润滑铜套；

（5）改用碗头连接，并且中间加装绝缘子等系列方法。

进一步进行优化，主要包括：

图 3-88　金具部分现场照片

（1）直角挂板替换 U 形环，继续增加磨损部位的接触面积；

（2）选择连接螺栓，加自润滑铜套，如图 3-88 所示。

分析了挂板和连接螺栓的尺寸以及应力，以挂轴和活节螺栓为典型进行分析。地线金具尺寸的计算按 500kV 线路地线的相关条件进行：

（1）地线最大不平衡张力一般发生在断线，考虑地线拉断力、地线最大使用张力等参数。

（2）垂直方向和风偏时候横向载荷的计算取原来线路金具的允许载荷进行计算。

2. 优化方案

直角挂板材料采用 35CrMo，屈服强度 σ_s 为 550MPa，螺栓采用 6.8 级的碳钢，屈服强度 σ_s' 为 480MPa，仍然沿用螺钉的尺寸，计算分析了挂板和螺栓。d 为螺栓直径，b 为挂板宽度，α_c 为应力集中系数，d_0 为螺栓孔径，δ 为板孔壁厚度，h_0 为螺栓中心到挂板边缘的距离（端距）。

（1）挂板水平截面的强度受螺栓的孔边应力集中的影响，孔边处最大拉应力 σ_H 可按下式进行计算

$$\sigma_H = \frac{KT}{(b-d_0)\delta}\alpha_c \leqslant [\sigma'] \qquad (3-16)$$

式中：K 为冲击系数，取 1.4；T 为挂板所受外力，取 $28.4 \times 10^3 N$；

$[\sigma'] = 480 \times 10^6/2.5 = 192\text{MPa}$；$b = 15 \times 2 + 30 = 60\text{mm}$；$d_0 = 30\text{mm}$；$\alpha_c$ 的值与 d/b 的值有关，$d/b = 29/60 = 0.483$，取 $\alpha_c = 2.2$；厚度 δ 取 26mm；可得 $\sigma_H = 112.1\text{MPa} <$ 192MPa，满足需求。

（2）挂板垂直截面的强度。螺栓的孔边切向最大应力 τ_V 按下式进行计算

$$\tau_V = \frac{KT(h_0^2 + 0.25d^2)}{d\delta(h_0^2 + 0.25d_0^2)} \leqslant [\tau] \tag{3-17}$$

式中：d 为 29mm；δ 为 26mm；$[\tau] = 480 \times 10^6/6.25 = 76.8\text{MPa}$；$h_0 = 39\text{mm}$，$\tau_V = 52.3\text{MPa} < 76.8\text{MPa}$，满足需求。

（3）孔壁承压应力。孔壁承压应力 σ_M 可按下式计算

$$\sigma_M = \frac{KT}{d\delta}\alpha_c \leqslant [\sigma] \tag{3-18}$$

$[\sigma] = 550 \times 10^6/2.5 = 220\text{MPa}$，计算可得 σ_M 为 116.0MPa $< 220\text{MPa}$，满足需求。

（4）优化设计后，需要计算螺栓在断线条件下是否满足强度要求。主要考虑两侧伸出的凸轴尺寸校核，弯曲切应力 τ_L 应有下式成立

$$\tau_L = \frac{4}{3}\frac{KT}{\pi R^2} \leqslant [\tau] \tag{3-19}$$

计算中取 $R = 20\text{mm}$，计算 $\tau_L = 42.2\text{MPa} < 76.8\text{MPa}$，满足需求。

3. 磨损试验与现场应用

对优化前后地线耐磨悬垂夹进行了磨损试验，相应的对比结果如图 3－89 所示。改进结构后地线耐磨悬垂夹的磨损损失率差值起初变化不大，超过 3h 后，随后优势明显，到 5h 减少约 1/3，从结果可以得出，优化后的地线耐磨悬垂夹性能明显优于原始悬垂夹。

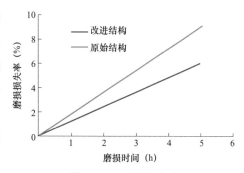

图 3－89　磨损损失率

2015 年开始，将发生磨损的耐磨悬垂夹替换为优化后的地线金具。经过 347 天的现场运行后，现场检查发现，优化后地线金具的各承载截面未见明显减薄现象，运行效果良好。

芦信收集了 750kV 输电线路所处沙漠戈壁环境的有关风速、沙尘颗粒尺寸、

沙尘浓度等信息，利用风洞研究了这些参数对导线磨损的影响，如图 3-90 所示。也有研究者注意到了金具受到环境腐蚀的影响而导致的缺陷，如图 3-91 所示。

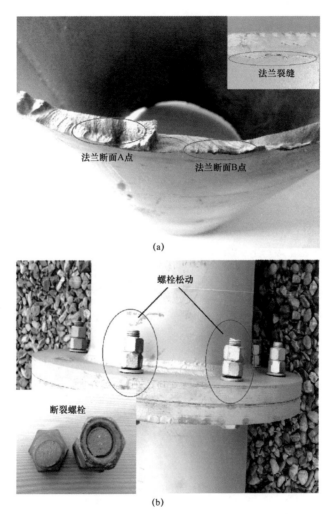

(a)

(b)

图 3-90　哈密地区某 750kV 变电站避雷针事故现场情况

(a) 法兰断裂；(b) 螺栓松动

张秀丽等测试分析了高酸沉降值地区长期运行的锈蚀金具，包括表面形貌分析、横截面形貌分析、金具腐蚀物化学及物相分析、X 射线衍射分析，并对腐蚀金具进行了力学分析。陈军君等在分析实际线路运行数据的基础上，模拟酸雨环境并对金具表面进行了电化学测试，建立了金具腐蚀速度模型，指出了可溶性硫酸盐是金具镀锌保护膜腐蚀消耗的主导因素。

图 3-91　U 形环磨损现场图

第 4 章

变 电 设 备

变电站是指电力系统中对电压和电流进行变换,接受电能及分配电能的场所。在发电厂内的变电站是升压变电站,其作用是将发电机发出的电能升压后馈送到高压电网中。变电站在前期选址建设时期考虑的主要因素包括接近负荷中心、地区电网布局合理、输电线路走廊、站区地质条件、交通运输方便和极端环境。

沙漠地区的大风对变电站中电气设备、构支架等的影响主要有:① 强劲风力,增大设备上的风压,易使设备瓷柱摇摆、断裂从而造成停电事故,如变电站避雷针倒塌、支柱绝缘子断裂等;② 风沙造成外露设备传动部件卡塞,影响设备的正常运行;③ 飞扬的沙、石冲击打磨设备外表面,进而使得绝缘子釉质受到损坏,造成绝缘子的电气绝缘性能不佳,严重时甚至可能导致绝缘子断裂;④ 细微沙尘进入设备操动机构箱或者端子箱、仪表等形成集尘效应,影响控制设备的正常功能。

4.1 变 电 主 设 备

4.1.1 变压器

在风沙严重地区,对变压器的影响主要在以下几个方面:

(1)飞扬的风沙打磨设备箱体外壳,使设备外漆面局部脱漏,影响设备外观、降低设备寿命。

(2)飞沙冲击打磨套管外表面,造成表面积灰严重,同时损坏绝缘子釉质,降低套管绝缘性能。

（3）强劲风力，增大套管等风压，同时引线摆动拉扯等，增大了套管所受的外部应力。

（4）冷却系统积污，影响变压器散热性能。变电站变压器、电抗器等的冷却是由通风道的排热、自带风扇强迫冷却和机壳散热所完成的,但由于通风道粉尘堵塞或机壳上粉尘堆积,使电动机的温升比平常情况高出 10℃以上,造成电动机运行温度过高,承载能力下降,影响变压器的散热效果。

（5）若套管末屏接地罩密封不良,沙粒顺着接地罩大量进入到末屏小套管内部（见图4-1）;在阴雨天气,雨水通过接地罩发生轻微的内渗,造成末屏受潮及接地罩表面缓慢氧化;在沙粒的作用下,造成末屏电场进一步不平衡,从而使接地不良情况进一步发

图 4-1 沙尘进入小套管

展,末屏与接地罩之间的阻抗变大（主要由两者之间的电容和绝缘电阻决定）,使得末屏对地电压升高,产生悬浮电位,该电位足以造成末屏对附近外壳放电引起套管末屏故障,从而造成绝缘电阻降低,介损和电容量超标。

沙尘天气可能引起户外变压器各引线剧烈摆动,长期作用下导致引线松动。

针对以上问题,在设计阶段,变压器油箱外表面涂漆选用防风沙强附着力专业漆,同时加大漆层厚度;套管增加釉面厚度;加强升高座和油箱、升高座和套管的固定连接;加强套管均压球和接线头的固定连接;选用防风沙型仪表;二次电缆槽盒采用不锈钢材质;冷却器设计时考虑灰尘导致的冷却功能降低,对风扇进行优化处理,避免风沙带来的影响。

在运行阶段,开展变压器风沙特巡,检查和清理变电站设备区、围墙周围、电子围栏上的杂物以及漂浮物,防止杂物、漂浮物对变电运行设备造成短路故障;全面排查站内的端子箱的封闭情况;对站内的老旧设备,进行重点巡视测温,保证设备不带"病"运行。

4.1.2 开关类设备

风沙除了引起开关支柱绝缘子断裂外,还会引起开关类设备以下故障和缺陷:

（1）引起设备外露传动部件卡塞,影响设备的正常运动机能;

（2）引起户外隔离开关动静触头的卡塞、阻塞，影响隔离开关合闸不到位，或动静触头保护层破坏；

（3）细微沙尘进入设备操作机构箱或端子箱、仪表等处，影响控制设备的正常功能。

针对以上情况，应对措施主要有：

（1）针对卡塞现象，选择外露运动部件少的设备。高压设备型式主要有 3 种，即敞开式配电装置（Air Insulated Switchgear，AIS）、气体绝缘金属封闭开关设备（Gas Insulated Switchgear，GIS）以及复合电器（Hybrid Gas Insulated Switchgear，HGIS）。其中 AIS 指断路器为罐式或瓷柱式，隔离开关、互感器等均为瓷柱式，母线外露，采用外露导线连接设备的一种配电装置布置型式。GIS 主要应用在高海拔及重污秽地区，它将所有的可操作和不可操作元件的带电部件都封闭于接地的金属外壳中，不受环境条件的影响。HGIS 是以罐式断路器为核心，将所有可操作的带电元件封闭于接地的金属外壳内，而不可操作元件如避雷器、母线等敞开在空气中。

由上述可知 AIS 内的设备外露运动部件最多，GIS 的外露运动部件与 HGIS 相同。所以，从预防卡塞现象考虑，在风沙较大的地区进行设备选型时，可以选择 GIS 或 HGIS 设备，优选 GIS 设备。

（2）对于敞开式隔离开关，在具体结构上也应进行优化。如用不锈钢罩将触片与上导电管连接压力的弹簧盖住，避免暴露在外，保证使用的可靠性；导电部分动触头处除常规的导电接触外，额外增加软连接结构。不仅增加了此处通流能力，也使导电连接更可靠，受外界环境影响小。

（3）集尘效应的应对措施。当细微沙尘进入设备操作机构箱或端子箱中，产生集尘效应。可采取以下方面的相应措施：第一，考虑到风沙对端子箱和机构箱的影响，设计时采用不锈钢机构箱和端子箱，且增大壁厚，户外箱体防护等级为设计为 IP55，另外，为加强箱体内元件的风沙性能，采用专用防风沙继电器等。第二，操动机构门采用双密封结构，箱体门框上安装气囊密封条，正门、侧门内侧粘贴平面密封条，操动机构输出轴部位采用安装密封套后再按照防雨罩的双密封结构，最后在防雨罩的缝隙处涂抹密封胶。第三，对设备外露连杆、仪表等采取防沙防尘措施。如 GIS 外露的所有连杆、密度表等部件，均采用加装防护罩措施，可有效阻止沙尘的进入。

4.1.3 配套设备

超高压电网的设备大多数都配有均压环来改善绝缘子的电场分布，避免绝缘子的起晕、劣化，起到保护绝缘子的作用。但均压环受大风、共振等原因经常会发生震颤，给电网的安全运行等造成不良后果。

超高压变电站所处位置一般均远离城市，风沙多、风速高、温差大。750kV绝缘子由于安全距离的要求对地高度最高可达 13.2m。根据风速公式，在空气密度不变，迎风面积不变的情况下，风速每提高 1 倍，其冲力增加 4 倍。而在新疆这种风沙较大的地区，风速会随着高度的上升而增大。因此，在绝缘子顶部的750kV 均压环受力明显增大，连杆容易摆动，势必造成均压环的振颤。

冲击公式如下

$$f = \sigma s v^2 \qquad\qquad (4-1)$$

式中：σ 为当地空气密度；s 为物体迎风面积；v 为风速。

某系统受外界激励，若外界激励的频率接近于系统频率时，强迫振动的振幅可能达到非常大的值，这种现象叫共振。风具有脉动性，所谓脉动性就是因为气流中夹带着一些小涡旋，加上空气乱流运动造成风向摇摆不定，风速时大时小，也叫风的阵性。正因为风具有这样的阵性，风对均压环的作用力有一个不确定频率，当这个频率发展到与均压环的固有频率（均压环系统频率）一致时，均压环就会产生共振。加大均压环的振动频率和摆动幅度。极易使均压环连接杆劣化速度加快，导致断裂。

一般来说一个系统有多个共振频率，在这些共振频率上振动比较容易，在其他频率上振动比较困难。防止共振的最好的方法是改变物体的固有频率，使之与外来作用力的频率相差越大越好。所以在均压环的支撑管内加装绝缘阻尼装置后，均压环受风力激励而产生共振的固有频率被破坏，使其无法发生共振，也就无法产生较高的振动频率和幅值。

4.2 变 电 站 避 雷 针

4.2.1 变电站避雷针风害现状

根据现阶段变电站风害事故研究发现，变电站风害事故主要表现为变电站避雷针倒塌。变电站避雷针是由金属制成，避雷针保护原理是当雷云放电时，使地面电场畸变，在避雷针的顶端形成局部场强集中的空间以影响雷电先导放电的发展方向，使雷电对避雷针放电，然后在经过接地装置将雷电释放的电流引入大地，从而使被保护的电气设备免受雷击的损害。因此变电站避雷针往往设计在构架之上，离地面 30m 以上，处于站内迎风侧的上游。当变电站内存在一定风速条件下会产生避雷针结构上的共振。在长期共振往复作用下，避雷针法兰螺栓或焊接处会出现金属疲劳，长期的疲劳会导致彻底断裂，最终导致避雷针倾倒。避雷针倒塌会引发一系列变电站安全运行事故，见表 4-1。

表 4-1　　　　　　　　　　　　　避雷针倒塌引发的危害

描述	现场图像
避雷针从根部断裂跌落，跌落至地面后避雷针断为两部分	
跌落的避雷针砸在下方构架横梁上，构架横梁严重变形，呈 V 形	

描述	现场图像
避雷针跌落使三相出线套管上方引线变形严重；套管上方将军帽羊角接线板变形	
避雷针砸伤的凹坑	

4.2.2 变电站避雷针风害原因分析

变电站发生雷击事故将造成大面积停电，对社会生产会造成巨大损失，给人民生活带来极大不便。因此，变电站防雷措施必须十分有效可靠。作为一种有效防止直击雷危害的保护设施，避雷针在变电站的防雷保护中得到广泛应用。

变电站避雷针在设计时需要考虑变电站的电压等级和电气设备平面布置。35kV 及以下配电装置绝缘水平低，避雷针不宜装设在构架或房顶上，一般独立设立。110kV 及以上配电装置电压等级和绝缘水平相对较高，避雷针的位置设计还需要考虑与被保护设备之间空中距离不小于 5m，与地面距离不小于 3m，与主变压器应尽量保持 15～20m 的距离，保证避雷针与各种设备的电气距离符合各种规程规范要求，因此避雷针一般装设在配电装置构架上或房顶上，距离地面位置较高，处于变电站高点，容易受到大风的侵袭。避雷针结构上有构架式结构或钢管式结构。构架式结构避雷针运行较为稳定，尚未出现避雷针倒塌现象。钢管式避雷针主要由圆钢或钢管焊接制成，底座与屋顶层连接，并用螺钉固定，出现过螺栓处或焊接处断裂引起的避雷针倒塌事故。

钢管结构型式避雷针在达到一定风速条件下，会发生涡激共振现象。涡激共振是一种非线性的，具有自激、限幅特性的流固耦合现象，目前对涡激共振现象的解释是：当流体流过浸没在其中的固体时，会发生规律的周期性的旋涡脱落或再附，如图4-2所示。周期性的旋涡脱落或再附所产生的作用，在结构上形成周期性作用力。随着流体流速的增长，此周期性脱落的旋涡频率会增大，当其频率接近结构自身固有频率时，会引起结构上的涡激共振现象。

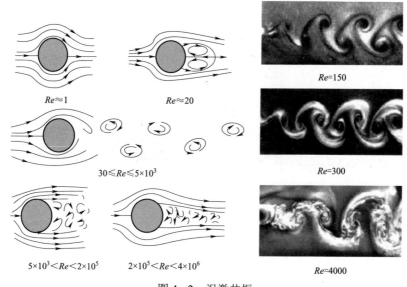

图4-2 涡激共振

根据某变电站故障避雷针实际结构参数计算，其涡激共振起振临界风速为10m/s，为5级风。从避雷针结构分析，其根部法兰位置在涡激共振往复荷载作用下，产生持续的交变弯折应力，该应力集中在根部法兰紧固螺栓杆上，会造成金属材料的疲劳。在倒塌避雷针螺栓断口检查发现，锈蚀螺栓断裂位置多数位于法兰紧固后螺母与垫片结合面位置，螺栓锈蚀断面明显分为三种形态：

（1）裂纹疲劳扩展区，表面光滑呈红褐色，附着一层致密的氧化膜，说明此区域开裂时间较长；

（2）裂纹快速扩区域，表面较为粗糙，也附着有一层暗红色氧化铁，具有纤维状断口特征；

（3）边缘区域，断口边缘部分有一个较小的剪切唇，表面氧化不明显。整个断口无明显塑性变形，具有脆性断裂特征，如图 4-3 所示。

图 4-3 螺栓脆性断裂断口

其余无锈蚀断面的螺栓表面粗糙，为纤维状断口，断口表面具有金属光泽，无氧化锈蚀现象，应为过载及外力冲击下造成的韧性断裂，如图 4-4 所示。

图 4-4 螺栓韧性断裂断口

经设计计算，在 17m/s 风速作用下（9m 高风速），当根部法兰失效螺栓数量大于 12 个，即可造成避雷针倒塌；在 24m/s 风速作用下（9m 高风速），当根部法兰失效螺栓数量大于 10 个，即可造成避雷针倒塌。

综合分析，在一定风速条件下发生涡激共振现象，在长期涡激共振往复荷载的持续作用下，避雷针根部法兰螺栓出现金属疲劳，螺栓有效工作面积不断减小，直至带伤工作的螺栓彻底断裂，最终导致钢管避雷针整体倾倒。

4.2.3 变电避雷针风害防治

1. 抗风设计方面

在变电站避雷针抗风设计阶段，提高抗风设计标准。根据 DL/T 5457—2012《变电站建筑结构设计技术规程》的规定，钢材受拉应力与抗拉应力的比值不应超过 0.8 的要求。当风速超过设计时，应力比将加大，安全裕度将减小，若此时应力集中部位材料存在缺陷或不连续性，则会使应力比急剧增大，甚至超出 0.8 的安全使用要求。因此综合考虑变电站避雷针抗风设计，提高安全裕度，从而减小事故发生率。

2. 结构型式方面

钢管式避雷针结构型式细长，下部管径较粗，上部较细，比例过大，刚度较低，与格构式结构避雷针相比风荷载较大，容易在大风条件下发生大幅度风致振动。另外，避雷针为圆形钢管断面，容易在低风速下发生涡激振动。根据涡激振动的原理，避雷针在摆动过程中存在一重要边界条件，即临界起振风速。依据避雷针结构形式结合经验公式可大致估算临界风速较低，因此避雷针极易产生振动，并且产生的惯性耦合会进一步加大应力集中处交变应力的幅值，造成该处发生疲劳损伤。上述两种振动都会进一步加大作用在避雷针上的风荷载，而这在最初设计规范中往往考虑不足。

3. 材质选择方面

在设计院进行避雷针材质选择时，在满足力学条件及成本区别不大的情况下，应选择韧性更好的钢材，见表 4-2。

表 4-2　　　　　　　　　　钢 材 参 数

型号	屈服强度（N/mm²）	冲击试验温度（℃）
Q235B	235	20
Q235C	235	0

在 Q235B 和 Q235C 力学性能一致的条件下应选择韧性更好的 C 级钢。

4. 强化风害运维检修技术

针对变电站各设备的实际情况，认真开展变电站隐患排查工作，加强巡检工作的力度，及时发现隐患并分析属于哪一种缺陷（一般、重大、紧急），及时汇报处理，确保变电站的稳定运行。

（1）组织开展强风地区变电站避雷针抗风能力设计校核，对于大风占比超过一定时间的变电站，对站内钢管式避雷针结构型式或连接方式进行彻底整改。

（2）对设计裕度偏小的避雷针及时采取提高连接螺栓强度、增加螺栓数量、增大避雷针刚度等改造措施。定期检查连接螺栓是否完好、螺栓安装紧固是否符合要求、螺栓及结构件是否存在锈蚀等情况，发现问题及时处理。

（3）强化变电站避雷针运维检修工作，对所有在运变电站构架避雷针固定螺栓再次进行登高检查，对于底部出现松动的螺栓采取取出检查并更换的方式，检查是否存在裂纹情况，发现问题及时处理。

4.2.4　故障实例

案例一：2015 年 9 月 13 日，达坂城地区某 750kV 变电站 2 号主变压器进线侧龙门架西侧构架顶部避雷针变形倾倒，造成大面积停电事故，导致结果包括：

（1）2 号主变压器 750kV 侧进线门型构架西侧避雷针变形脱落，跌至地面后避雷针断为两部分，上部为第 1、2 节，下部为第 3 节，如图 4-5（a）所示；

（2）2 号主变压器 750kV 侧进线构架横担严重变形，成 V 形，如图 4-5（b）所示；

（3）2 号主变压器 GIS 间隔 B 相出线套管顶部均压环严重变形，如图 4-5（b）所示；

（4）构架东侧的 A 型立柱根部弯曲，水泥基础出现明显裂痕。

(a)　　　　　　　　　　　　(b)

图 4-5　达坂城地区 750kV 变电站避雷针事故现场情况

（a）避雷针变形脱落；（b）构架横担变形

案例二：2015 年 4 月 1 日，哈密地区某 750kV 变电站 220kV 设备构架 B 构架避雷针变形掉落，造成了短时停电事故，导致的结果包括：

（1）220kV 侧构架 B 构架避雷针变形断裂，断处为从下往上第 2 节下法兰焊接部位上方，断面呈脆性断裂，第 4 节法兰角焊缝发现明显裂纹，如图 4-6（a）所示；

（2）法兰螺栓存在松动现象，从上往下数第 1、2 节法兰连接处螺栓均断裂，螺栓断面呈脆性断裂，如图 4-6（b）所示。

(a)

(b)

图 4-6　哈密地区某 750kV 变电站避雷针事故现场情况
（a）避雷针变形断裂；（b）法兰螺栓松动

1. 事故分析

（1）法兰断面及裂纹分析。

1）断面表面形态。从图 4-6（a）可以看出，法兰断口存在明显疲劳纹［见图 4-6（a）中断面 A 点］，其他部位断口呈脆性断裂［见图 4-6（a）中断面 B 点］，断面 A 点部位金属颜色与基体金属颜色不同，可以判断该部位位于焊缝热影响区附近，基体金属上存在黑色组织，且该位置距焊缝较近，由此判断黑色组织为焊接时过烧组织。未断裂的法兰焊接部位多数出现裂纹，如图 4-6（a）右上角。

2）检验分析。对连接法兰进行元素分析以及屈服强度、抗拉强度分析，见表 4-3 和表 4-4，并进行金属的金相分析，如图 4-7 所示。

表 4-3　　　　　　　　　　法 兰 元 素 分 析　　　　　　　　　　（％）

项目	C	Si	Mn	P	S
实测值	0.17	0.24	1.21	0.03	0.03
参考值	≤0.20	≤0.35	≤1.40	≤0.045	≤0.045

表 4-4　　　　　　　　法兰屈服强度、抗拉强度　　　　　　　　（MPa）

序号	1	2	3	4	平均
屈服强度	332	315	365	355	342
抗拉强度	440	430	450	455	444
参考值	屈服强度≥235；抗拉强度：370～500				

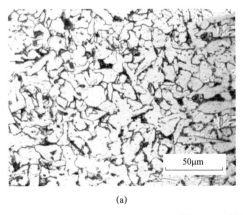

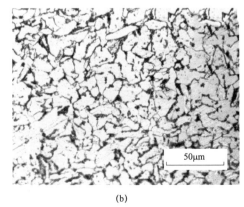

(a)　　　　　　　　　　　　　　　　　　(b)

图 4-7　法兰金相组织图

（a）热影响区边缘金相组织；（b）母材金相组织

从法兰金属部分元素分析、屈服强度、抗拉强度来看，均在推荐范围内。从图 4-7（a）可以看出断口位于热影响区边缘的金相组织为铁素体＋珠光体，由于距焊缝较近，故该处组织存在轻微球化迹象，球化等级为 2 级，属于正常组织；从图 4-7（b）可以看出母材金相组织为铁素体＋珠光体，未见明显球化，球化等级为 1 级，属于正常组织。结合化学成分分析、力学性能分析及金相组织分析可以看出，该避雷针材质未见异常。法兰焊接时的高温对焊缝上部材质造成影响，因没有采取加强筋结构，法兰焊接位置为强度薄弱位置。

（2）法兰螺栓断面及裂纹分析。

1）断面表面形态。收集了故障法兰螺栓，进行了断口宏观检查。结果发现，有两种断裂：锈蚀脆性断裂［见图 4-8（a）］和冲击韧性断裂［见图 4-8（b）］。锈蚀脆性断裂多数位于法兰紧固后螺母与垫片结合面位置，极少数位于螺栓杆螺帽根部。螺栓锈蚀断面明显分为三种形态：裂纹疲劳扩展区：表面光滑呈红褐色，附着一层致密的氧化膜，说明此区域开裂时间较长；裂纹快速扩区域：表面较为粗糙，也附着有一层暗红色氧化铁，具有纤维状断口特征；边缘区域：断口边缘部分有一个较小的剪切唇，表面氧化不明显。整个法兰螺栓断口无明显塑性变形，具有脆性断裂特征。

冲击韧性断裂的螺栓表面粗糙为纤维状断口，断口表面具有金属光泽，无氧化锈蚀现象，应该是避雷针不均匀受力后脱落前过载及外力冲击下造成的，断口形貌如图 4-8（b）所示，是受到了典型的冲击扭力形成的。

（a）　　　　　　　　　　　（b）

图 4-8　断裂法兰螺栓

（a）锈蚀脆性断裂；（b）冲击韧性断裂

2）检验分析。对现场取样的螺栓进行化学元素分析（见表 4-5）、硬度试验（见表 4-6）、金相组织分析（见图 4-9）等试验检查，其中化学元素、硬度试验、金相组织检查均正常。

表 4-5　　　　　　　　　　　　　螺 栓 元 素 分 析　　　　　　　　　　　　（%）

项目	强度等级	C	P	S
实测值	8.8 级	0.45	0.012	0.016
规定值	8.8 级	≤0.55	≤0.025	≤0.025

表 4-6　　　　　　　　　　　　　断裂螺栓硬度试验　　　　　　　　　　　　（HBW）

样品号	强度	1	2	3	平均
1	8.8 级	295	292	298	295
2	8.8 级	302	300	306	303
3	8.8 级	296	298	302	298
参考值				260～331	

从化学成分分析和螺栓硬度值结果看，样品所含 C、S、P 等主要元素含量以及螺栓硬度均符合 GB/T 3098.1—2010《紧固件机械性能　螺栓、螺钉和螺柱》标准要求。

从图 4-9 可以看出，该螺栓显微组织为回火马氏体，属于正常组织。

（3）事故分析。结合化学成分分析，力学性能分析及金相组织分析可以看出，避雷

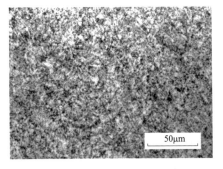

图 4-9　法兰金相组织图

针和螺栓材质在正常范围内，但是法兰焊接结构强度不够，部分法兰角焊缝存在裂纹，且断口处存在明显过烧组织，由此判断该法兰角焊缝焊接质量不合格，法兰角焊缝本就是应力集中部位，施工过程中法兰螺栓未能得到很好的处理，存在松动现象，进而发展成裂纹，从而导致了断裂。

以哈密地区变电站 B 构架避雷针为例,分析结构设计问题。根据 DL/T 5457—2012《变电站建筑结构设计技术规程》的规定，变电站避雷针应力比满足上述规程中要求的钢材受拉应力与抗拉应力的比值不应超过 0.8 的要求。当风速已达到 34m/s

时，应力比加大至 0.55，仍低于 0.8 的要求，但安全裕度将减小。若此时应力集中部位材料存在缺陷或不连续性，则会使应力比急剧增大，甚至超出 0.8 的安全使用要求。变电站 B 构架避雷针的结构型式长细比例过大，最下部管径为 400mm，上部为 83mm（不包括最上部避雷针尖），刚度较低，与构架结构避雷针相比风荷载较大，容易在大风条件下发生大幅度风致振动。现场人员多次观察到该构架避雷针在大风条件下，发生大幅度摆动的现象。根据测量发现，最上端最大摆幅接近 1m，远大于避雷针顶部允许最大位移 328mm，超出了最初设计的范围。

站用避雷针为圆形钢管断面，容易在低风速下发生涡激振动。根据涡激振动的原理，依据避雷针结构形式结合经验公式可大致估算出该临界风速不大于 4m/s，因此避雷针极易产生振动，并且产生的惯性耦合会进一步加大应力集中处交变应力的幅值，造成该处发生疲劳损伤。这些均进一步加大作用在避雷针上的风荷载，而这在最初设计规范中考虑不足。

综合分析认为：在平均风荷载、脉动风荷载以及涡激振动的共同作用下，避雷针长期处于摆动状态。由于结构刚度的影响导致断裂法兰处受到的交变弯曲应力的作用最为明显，引起疲劳损伤；而法兰角焊缝处由于结构和形状的因素的影响会产较为严重的应力集中；各节避雷针连接法兰处没有采用加强筋结构，法兰螺栓未能得到很好处理，即柔性法兰连接结构，与有加强筋的刚性法兰结构相比，刚性强度及承载力不足，也是在风载作用下产生应力集中的重要原因之一。

2. 应对措施

（1）加强风害区域气象特征的收集，根据风害区域的气象数据，对所有在运、在建变电站内构架钢管式避雷针抗风性能重新进行全面校核，更改设计方案，采取破坏涡激共振条件的构架钢管避雷针，如刚性法兰连接更改为套装连接型式等方式；

（2）在风害严重区域的站用避雷针设计阶段，充分考虑当地气象条件，充分考虑长期持续风力对金属构件的疲劳影响，采取差异化布置，采取格构式的结构设计等方法，减小风阻的影响，提高避雷针抗风能力；

（3）加强变电站避雷针的在线监测和运维检修工作，定期检查构架避雷针的固定螺栓以及法兰焊接部位等薄弱点，必要时可采用放松动螺栓螺帽，对出现裂纹的法兰、松动的螺栓迅速处理。

4.3　支柱绝缘子

4.3.1　支柱绝缘子风害现状分析

支柱绝缘子作为变电站的重要设备，对隔离开关、管型母线、软导线的机械支撑和电气绝缘发挥着重要的作用。但在风速很大的地区，如中国西北新疆地区，当瓷绝缘子机械强度较低，在极端风害的恶劣天气条件下，可能会出现破损和断裂，会导致变电站、输电线路部分或全部停电，甚至人身伤亡，造成巨大的经济损失。

大风中绝缘子和避雷器产品的损坏情况大体相同，发生断裂是多方面原因造成的，其中线路阻波器的拉扯是最重要的因素，设备损坏的原因可以归纳为以下几点：

（1）由于阻波器体积大，迎风面大，在受到大风影响时阻波器受风力过大，摇晃幅度很大，通过引流导线拉扯闸刀的支持绝缘子，对绝缘子作用巨大的横向冲击拉力，最终将线路闸刀或旁路闸刀的绝缘子拉断。阻波器下的隔离开关瓷套或瓷避雷器在台风期间断裂，不仅发生在 220kV 等级，在 110kV，35kV 变电站中也时有发生，是一个较为普遍的问题。

（2）瓷套强度存在问题，经过对断裂的闸刀统计分析，瓷套断裂很多断口均发生在靠近瓷件的法兰附近，瓷件和法兰的胶装强度和工艺问题历来都是本行业一个热门课题。另外，有些瓷套断裂掉落地面后，成粉碎性炸开，对瓷件材质的强度则存在问题。

（3）风力过大是设备损坏的客观因素，当风速远远超过电力设备 35m/s 的设计风速，就可能引发大批的电气设备外绝缘瓷套断裂事故。

4.3.2　支柱绝缘子风害原因分析

1. 陶瓷材料的断裂机理

（1）裂纹的产生。按照位错理论观点，对于支柱瓷绝缘子来说，大量的位错运动容易受阻塞积，在局部产生应力集中。这个集中应力若被形变过程所松弛，则破断过程被抑制，变形得以继续进行而不破断；反之，若以裂纹的发生与发展过程来松弛这个应力，则材料即发生破断。

（2）裂纹的扩展。绝缘子的脆性断裂通常是在亚临界裂纹生长之后发生的，这便导致强度与时间相关，称为滞后断裂。由于滞后断裂会在绝缘子有缺陷后施加载荷一定时间内事先没有表面迹象发生的，所以为了避免绝缘子结构破坏，必须了解亚临界裂纹的生长机理，从而获得无损检测时的理论根据。

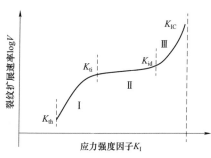

图 4-10　绝缘子裂纹扩展速率曲线

在绝缘子发生断裂之前，有三个对应于不同机制的裂纹扩展区，如图 4-10 所示。而且，所有材料都有一个应力强度因子门坎值 K_{th}。$K_I \leq K_{th}$，裂纹不发生亚临界扩展；$K_I > K_{th}$，则裂纹扩展速率随着 K_I 的提高而增大。而且裂纹扩展速率总是与 K_{In} 成正比，接着是慢速裂纹扩展区，最后是到达 K_{IC} 之间的快速裂纹扩展区。

综上所述，瓷绝缘子的使用寿命与裂纹扩展速率有关。因此，要求瓷绝缘子无损检测必须在裂纹扩展速率处于慢速裂纹扩展区时，检出裂纹来。

（3）陶瓷材料的断裂。陶瓷材料的断裂属于线弹性断裂力学，裂纹尖端塑性区的影响可以忽略的脆性材料。线弹性断裂力学的方法是唯一能够定量地求出缺陷对结构材料断裂性质的影响的研究方法。对于一种给定的加载结构，一旦确定了适当的断裂力学参数和材料的性质，便能够计算出不会导致结构破坏的容许的最大应力，或者容许的最大缺陷尺寸。得到的这些数据可以用在设计实际构件、选择材料和制定无损检测判据上。

经过大量的瓷支柱绝缘子断裂事故分析和研究，总结出瓷支柱绝缘子断裂有如下特点：

1）瓷支柱绝缘子断裂受环境影响很大。正常运行下的瓷支柱绝缘子寿命一般在 25 年以上。而在气候恶劣、昼夜温差较大，同一生产的产品，其寿命也只有十几年。

2）横担放置的支柱瓷绝缘子发生断裂的比例较大，占断裂事故的 80%。绝缘子断裂都发生在上下两端铸铁法兰结合处。绝缘子都是脆性断裂，断口光滑、尖锐。都明显存在初始裂纹，初始裂纹长度一般在 30～50mm，裂纹表面有脏物，这就是裂纹源（见图 4-11）。裂纹扩展有明显的台阶，扩展区比较平滑，裂纹沿着受力最大的垂直方向扩展。最终断裂区，断口表面粗糙，呈颗粒状，有明显的拉断痕迹。

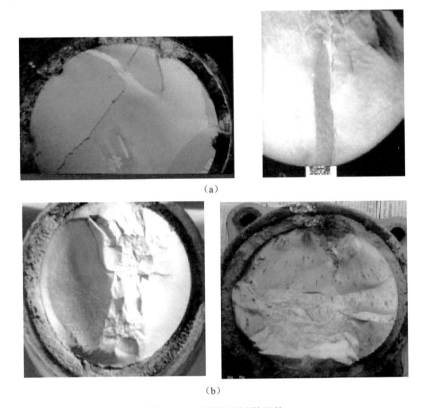

（a）

（b）

图 4-11　绝缘子断裂形貌

（a）裂纹源和裂纹扩展区；（b）裂纹断裂区

2. 瓷支柱绝缘子受力分析及计算

（1）管型母线用瓷支柱绝缘子受力分析及计算。

1）瓷支柱绝缘子的水平受力情况分析。要进行瓷支柱绝缘子抗弯强度的校验，首先要了解瓷支柱绝缘子在管型母线配电装置中所受水平力的情况。在正常运行的情况下，瓷支柱绝缘子所受的水平力仅有它本身的风荷载和作用在绝缘子端部的管型母线风荷载，当变电站内部发生母线短路故障时，母线上将产生最大的短路电动力，这时支柱绝缘子的端部将承受最大的水平合力。因此，需要计算在这种情况下，绝缘子的机械强度是否能够满足安全运行的要求。三种水平分力及绝缘子端部合力的计算公式如下：

a. 管型母线单位长度的短路电动力 f_d（N/m）计算

$$f_d = 1.76 \frac{i_{ch}^2}{a} \beta \cdot 9.8 \qquad (4-2)$$

式中：i_{ch} 为三相短路电流峰值，kA；a 为相间距离，cm；β 为管型母线振动系数（一般工程计算取为 0.58）。

b. 管型母线单位长度的风荷载 f_v（N/m）计算

$$f_v = 9.8 a_v K_v D \frac{v^2}{16} \qquad (4-3)$$

式中：a_v 为风速不均匀系数（一般工程计算取为 1）；K_v 为空气动力系数（一般工程计算取为 1.2）；D 为管型母直径，m；v 为风速，m/s。

c. 瓷支柱绝缘子本体风荷载折算到端部的水平力 F_j（N/m）计算

$$F_j = 9.8 a_v K_v D_j H \frac{v^2}{32} \qquad (4-4)$$

式中：a_v 为风速不均匀系数（一般工程计算取为 1）；K_v 为空气动力系数（一般工程计算取为 1.2）；D_j 为瓷支柱绝缘子等效直径，m；H 为瓷支柱绝缘子高度，m；v 为风速，m/s。

2）瓷支柱绝缘子抗弯强度校验。按照 GB/T 8287.1—2008《标称电压高于 1000V 系统用户内和户外瓷支柱绝缘子　第 1 部分：瓷或玻璃绝缘子的试验》规定，在短时荷载作用下，瓷支柱绝缘子允许荷载的安全系数为 1.67。即要求瓷支柱绝缘子抗弯强度 F_N 应大于或等于所承受的最大弯矩 F_{max} 的 1.67 倍。工程设计考虑最大弯矩出现时的荷载组合条件为：母线三相短路并承受 50%最大风速（不小于 15m/s）。当母线短路故障发生时，作用在瓷支柱绝缘子端部的水平作用力最大。因此，工程设计时一般以母线短路状态下，作用在瓷支柱绝缘子端部的最大弯矩来校验抗弯强度。此时由管母线传递到绝缘子端部的水平合力为

$$F_g = (f_d + f_v) L_{js} \qquad (4-5)$$

式中：f_d 为管型母线单位长度的短路电动力，N/m；f_v 为管型母线单位长度的风荷载，N/m；L_{js} 为母线计算跨距，m。

瓷支柱绝缘子端部在短路时所受的最大弯矩为

$$F_{max} = F_g + F_j \qquad (4-6)$$

校验条件为：瓷支柱绝缘子抗弯强度 $F_N \geq 1.67 F_{max}$

（2）开关瓷支柱绝缘子风载荷计算及分析。现有的绝缘子机械强度的研究中，几乎都是把风载荷当作一个而实际上绝缘子表面受到的是连续分布的风压作用。风载荷的大小及其施加方式的误差必然造成绝缘子强度计算中所得的应力和应变数据不准确，从而无法对绝缘子进行精确的结构设计。

利用流体动力学的知识对绝缘子周围的风场进行仿真计算是获得绝缘子所受风载荷的精确结果的一种有效方法，并借助于 Fluent 软件进行数值计算。

某型户外单臂双柱并列式隔离开关如图 4-12 所示，其中的每一瓷支柱绝缘子分别由上、下两节绝缘子组成。由于每一节绝缘子的几何尺寸和外形结构基本相同，为简化问题，计算单节绝缘子在不同风速下所承受的风载荷。所计算的风速分别为 20、30、40、50、60m/s。从图 4-13 可以看出，该瓷支柱绝缘子具有大裙、小裙和柱体的复杂结构，在上述风速作用下产生的空气流场应该属于湍流，因此选用目前工程上最常用的流体力学湍流模型 $k-\varepsilon$ 两方程模型进行计算，具体步骤为：

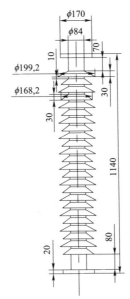

图 4-12 隔离开关实物图　　图 4-13 单节瓷支柱绝缘子的结构和尺寸

1）打开 ANSYS 软件的 Workbench 平台，建立一个 Geometry 模块。在该模块中直接导入事先用 AutoCAD 软件已经做好的单节绝缘子的三维立体图形。

2）以该绝缘子的轴线为中心线围绕它做一个足够大的长方体，再从该长方体中挖去该绝缘子模型，那么在该长方体的六个面与绝缘子的外壁面之间的空间就是计算区域——空气流场。

3）建立一个 Mesh 模块，将刚建好的几何模型导入进行网格划分。网格如图 4－14 所示，计算区域采用的是四面体网格。

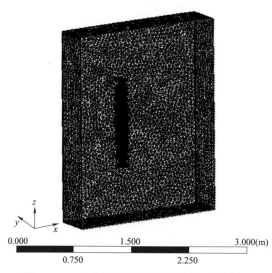

图 4－14　单节绝缘子的计算区域和网格划分

4）建立一个 Fluent 模块，将刚划分好的网格导入其中。在该模块中选择 $k-\varepsilon$ 湍流模型，数值求解方法采用 Simple 算法。

对于边界条件的设置，大风沿着 x 轴方向吹入长方体的正前面，故该面采用速度入口边界，而其他五个面则采用自由外流边界。由于这是一个复杂计算区域内的湍流，为避免数值波动造成迭代发散，所有差分格式均采用一阶迎风格式。另外松弛因子也取得很小，具体为压力项 0.1，动量项 0.1，湍流动能 0.7，湍流耗散率 0.7，湍流黏度 0.8。迭代收敛的依据是要求所有项的计算残差都小于 10^{-4}，而且在相邻两次迭代之间，用于监测的绝缘子表面平均压力的相对变化必须小于 0.1‰。

通过不同风速仿真分析，在通过绝缘子轴线的纵向截面上的风压场以及该风速下单节绝缘子表面的压力分布见表 4－7。可以看出，在绝缘子的迎风面上具有正压力，在其背风面上具有负压力。最高的压力发生在迎风方向的伞裙边缘和绝缘子与法兰相连的地方，而最低的压力发生在绝缘子的背面与法兰相连的地方。

绝缘子的背面具有低于大气压的负压区。这说明瓷绝缘子与铸铁法兰相结合的根部是机械强度较弱的地方，即大风情况下绝缘子易断裂的地方。

根据图 4-13 所示单节瓷支柱绝缘子的结构尺寸，可算出其沿风吹方向的投影面积 $S = 0.135 m^2$。由此将不同风速下仿真得出的单节绝缘子风载荷和风速的关系如图 4-15 所示。

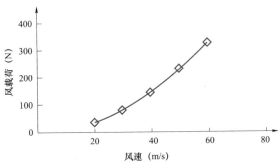

图 4-15　风载荷与风速的关系

表 4-7　　　　　　　　　　　仿　真　结　果

风速 （m/s）	风压场（Pa）	绝缘子的表面压力分布（Pa）
20	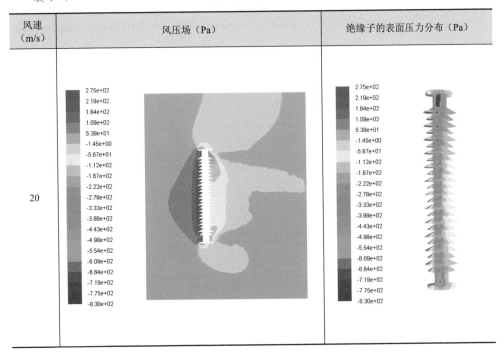	

119

续表

风速（m/s）	风压场（Pa）	绝缘子的表面压力分布（Pa）
30		
40		

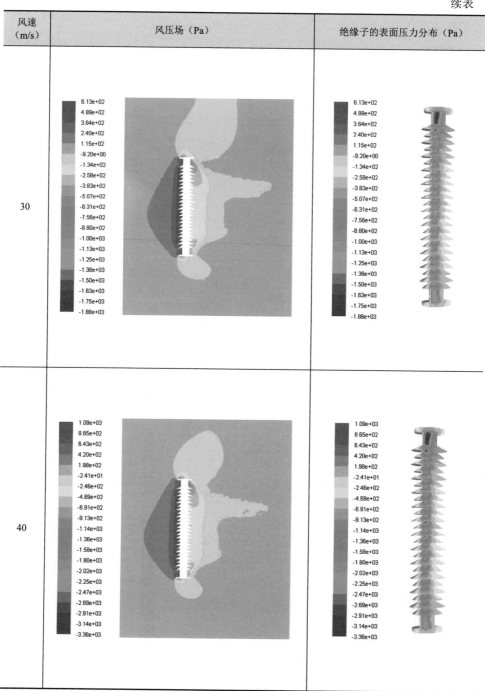

风速 （m/s）	风压场（Pa）	绝缘子的表面压力分布（Pa）
50	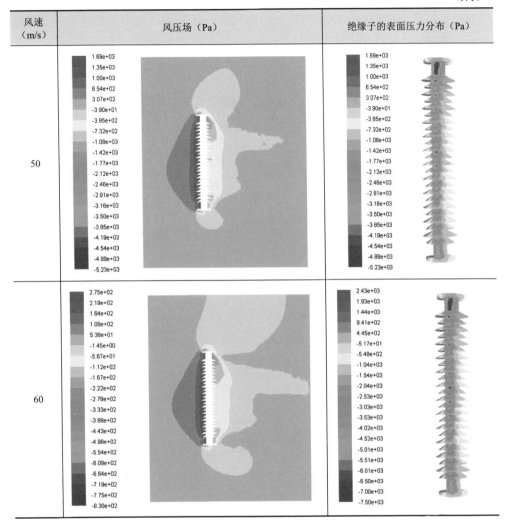	
60		

4.3.3　瓷支柱绝缘子超声波检测技术

1. 超声波检测法

瓷支柱瓷绝缘子及瓷套由于安装、维护检修及运行中受恶劣环境或其他因素的影响，容易造成失效断裂，危及电网的安全运行。因此，加强对电网在役瓷支柱瓷绝缘子和瓷套的有效检测和质量评价，对确保电网的安全可靠经济运行至关重要。超声波检测技术对电网在役瓷支柱绝缘子和瓷套内部细微缺陷和损伤经长期运行扩展产生的裂纹，以及铸铁法兰内瓷体表面和近表面由于胶装工艺不当导致水泥膨胀应力过大产生的裂纹，提供了有效的检测方法。

瓷支柱瓷绝缘子及瓷套检测示意图如图4-16所示。具体检测方法选择如下：

（1）瓷支柱瓷绝缘子及瓷套法兰胶装区表面和近表面缺陷的检测采用爬波检测法；

（2）瓷支柱瓷绝缘子内部和对称侧表面或近表面缺陷的检测采用小角度纵波检测法；

（3）瓷套内部和内壁缺陷的检测采用双晶横波检测法。

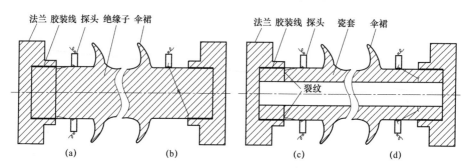

图4-16　瓷支柱绝缘子及瓷套检测示意图

（a）爬波探头检测支柱瓷绝缘子表面缺陷；（b）纵波斜入射探头检测支柱瓷绝缘子内部及对称侧外表面缺陷；
（c）爬波探头检测瓷套表面缺陷；（d）双晶横波斜探头检测瓷套内部及内壁缺陷

2. 爬波检测法

（1）爬波检测法原理及特点。爬波是在超声纵波以第1临界角附近的入射角从第1介质入射到第2介质中时，在第2介质中表面附近产生的1种非均匀波，除纵波外还伴随着其他波型，因纵波传播速度最快，且是爬波的主要成分，故爬波亦称"头波"。爬波的大部分能量主要集中在界面下某一范围内，所以，其对近表面（约10mm内）的缺陷有较高的检测灵敏度。

爬波的另一个特点是，爬波在试件的表面下传播，对表面的状况不敏感。用爬波检测在役瓷支柱绝缘子法兰内的瓷体，爬波在瓷体近表面的传播，不会受该处瓷砂、胶装水泥等瓷体表面粗糙物的影响，这与超声表面波传播的特点完全不同，后者不能用于检测绝缘子，爬波检测绝缘子内裂纹原理如图4-17所示。爬波的传播速度与纵波相近，其回波声压与距离的4次方成反比，距离衰减大，故探测距离较短，通常只能探测几十毫米。

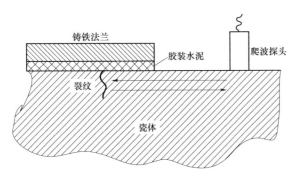

图 4—17　爬波检测绝缘子内裂纹原理图

　　为改善爬波探头的信噪比，提高灵敏度，一般采用双晶片，结构型式主要分为双晶串联型和双晶并联型两种。双晶片爬波探头结构的特点是类似于由 2 个斜探头组成，一个用于发射超声爬波，另一个用于接收爬波遇到缺陷反射回来的回波。

　　双晶串联型爬波探头纵向尺寸大，易受移动范围限制，而双晶并联型爬波探头横向尺寸大，曲面耦合效果差。由于在役瓷支柱绝缘子法兰离第 1 伞群的间距很窄，（一般在 20～50mm），探头可允许移动的范围非常小，因此，双晶串联型爬波探头对于检测间距很窄的瓷支柱绝缘子就显得非常困难。

　　目前，电网在役瓷支柱绝缘子的检测普遍采用双晶并联型爬波探头，晶片频率为 2.5MHz，晶片尺寸选用 10mm×12mm，移动范围较小时采用 8mm×10mm 或 6mm×10mm 双晶片探头。

　　探头移动时要求保持与检测面的良好吻合，应选用与试件曲面相匹配的探头。一般可在瓷支柱瓷绝缘子及瓷套直径变化 20mm 范围内选用一种规格弧度的探头，但仅允许曲率半径大的探头探测曲面半径小一档的试件（一档为 20mm）。

　　（2）爬波法检测瓷支柱绝缘子及瓷套反射回波分析（见表 4—8）。

　　1）瓷支柱绝缘子或瓷套的表面或近表面无缺陷时，示波屏显示基本无反射波；

　　2）瓷支柱绝缘子或瓷套被检部位的表面或近表面存在气孔、烧结形成的凹坑、碰损或裂纹等缺陷时，会出现点状或丛状反射波，此时，应与绘制的距离－波幅曲线进行比较，波高超出曲线的应判定为缺陷波；

　　3）瓷支柱绝缘子或瓷套外壁存在裂纹时，裂纹波前基本无杂波，移动探头，距离裂纹越近，反射波高越强。

表 4-8　　　　　　　　爬波法检测支柱瓷绝缘子及瓷套反射回波分析

描述	图例
瓷支柱绝缘子或瓷套的表面或近表面无缺陷时，示波屏显示基本无波	法兰　探头　伞裙
瓷支柱绝缘子表面或近表面存在折痕、压痕、气孔、杂质、波纹或裂纹时，会出现点状或丛状反射波	缺陷波
瓷套被检部位的表面或近表面存在折痕、压痕、气孔、杂质、波纹或裂纹时，会出现点状或丛状反射波	裂纹　缺陷波

3. 小角度纵波检测法

（1）小角度纵波检测法原理和特点。瓷支柱绝缘子法兰胶装区瓷体内部缺陷及探头对称侧表面或近表面缺陷的检测采用小角度纵波斜入射法，探头一般选择小角度纵波单晶斜探头。小角度纵波检测的原理和特点是，当超声纵波以很小的斜入射角从第 1 介质入射到第 2 介质（被检工件）界面时，在第 2 介质中产生折射纵波。在实际应用中，一般将其折射角 β 控制在 20° 以内，入射角很小的探头被称为小角度纵波斜入射探头，又称小角度纵波探头。

由于小角度纵波在瓷支柱绝缘子中的折射角很小，探头置于法兰外与第 1 伞裙之间的探测面上，超声波束可以扫查到深埋在法兰内瓷体内部的缺陷，以及探

124

头对侧的瓷体表面缺陷,对危险区域的扫查覆盖面积远大于横波斜探头和直探头,如图 4-18 所示。因此,从理论上讲,用小角度纵波探头检测在役支柱瓷绝缘子法兰内瓷体内部的缺陷是唯一可行的方法。

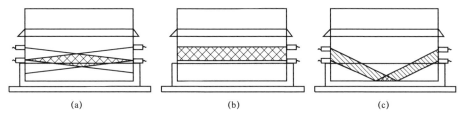

   (a)   (b)   (c)

图 4-18 三种探头的扫查范围示意图(阴影部分表示扫查范围)
(a)小角度纵波探头;(b)直探头;(c)斜探头

  为改善耦合效果,应选择与被检瓷支柱绝缘子曲面相近的探头,小角度纵波斜探头的曲面直径与爬波探头同样分为 $\phi100$、$\phi120$ 等 8 种不同的规格。

  (2)小角度纵波法检测瓷支柱绝缘子反射回波分析(见表 4-9)。

  1)当示波屏显示仅有孤立底波,无杂波,波形清晰,应判定无缺陷。

  2)当瓷支柱绝缘子内部晶粒粗大时,探头扫查时会出现草状反射波(在探伤灵敏度下一般波高小于 30% 屏高),探头稍作移动,反射波会立即降低或消失,此时应判定为晶粒反射波。

  3)当瓷支柱绝缘子内部存在杂质、气孔及裂纹等缺陷时,底波前会出现点状或丛状反射波,底波可能会降低或消失,此时应判定为缺陷波。

  4)当在瓷支柱绝缘子探测面的对应侧表面存在裂纹时,底波前会出现裂纹波,随着裂纹深度的增大,裂纹波与底波的间距增大,且底波会降低。

表 4-9   小角度纵波法检测瓷支柱绝缘子反射回波分析

描述	图例
瓷支柱绝缘子内部无缺陷时,示波屏显示仅有孤立底波,无杂波,波形清晰	伞裙 探头 法兰 底波

续表

描述	图例
当瓷支柱绝缘子内部存在杂质、气孔及裂纹等缺陷，底波前会出现点状或丛状反射波，底波可能会降低或消失，此时应判定为缺陷波	
当在瓷支柱绝缘子探测面的对应侧表面存在裂纹时，底波前会出现裂纹波，随着裂纹深度的增大，裂纹波与底波的间距增大，且底波会降低	

4. 双晶横波检测法

（1）双晶横波检测法原理和特点。瓷套内部和瓷套内壁缺陷的检测常用双晶横波检测法。该方法的特点是在 1 个探头中采用 2 个晶片，一个用于发射超声波，另一个用于接收。2 晶片对称地粘贴在透声楔的 2 个斜面上，放置晶片的斜面除具有普通斜探头的入射角 α 外，还对称地有一倾角 θ。入射角 α 由所需折射角 β 决定，倾角 θ 视瓷套的厚度和折射角 β 而定，一般为 $4°\sim80°$。由于采用了双晶片，一收一发，消除了有机玻璃/瓷界面的反射杂波，又由于始脉冲不能进入接收放大器，克服了阻塞现象，结果使检测盲区大为减少，这对于检测类似于瓷套这样的空心薄壁试件，为用直射波检测近表面缺陷创造了有利条件。再因为双晶片声场相交形成 1 个棱形区，避免了瓷套内壁弧面声场的发散，从而保证具有足够的探伤灵敏度。

为保证探头和检测面的耦合效果，同样需要选择带有弧面的探头。根据电网在役瓷套的规格，双晶横波斜探头的弧面直径分为 $\phi160$、$\phi180$、$\phi200$、$\phi220$ 和平面 5 种。

（2）双晶横波法检测瓷套反射回波分析（见表 4－10）。

1）当直射波范围内未出现反射波，应判定内部和内壁无缺陷；

2）当瓷套内部存在杂质、气孔及裂纹等缺陷，底波位置前会出现点状或丛状反射波，应判定内部有缺陷；

3）当瓷套内壁存在杂质、气孔及裂纹等缺陷，底波位置前会出现点状或丛状反射波。

表 4－10　　　　　　　　　　晶横波法检测瓷套反射回波分析

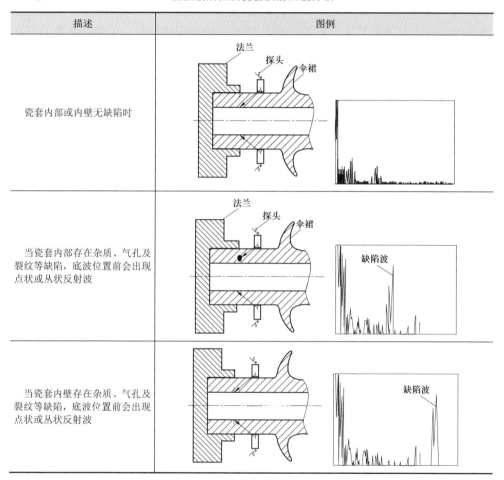

4.3.4　支柱绝缘子风害防治

（1）提高绝缘子抗弯强度设计标准和规范管母固定金具型号选择。瓷支柱绝缘子抗弯强度设计时，应考虑瓷支柱绝缘子运行最恶劣工况，在管型母线所受短路电动力的基础上，充分考虑大风载荷、管型母线热胀冷缩、管型母线附件覆冰重力以及隔离倒闸机械操作等的影响，选择合适的抗弯强度和抗扭强度。

固定金具应选用 MGG、MGGH、MGG1/2、MGGZQ 等型号，使管型母线在固定金具内可自由滑动，防止热胀冷缩时管母无法在固定金具内自由滑动，以保证伸缩节能可靠起到缓冲作用。

（2）选择产品质量良好厂家和严把设备入网验收关。为保证绝缘子良好的机械性能，应选择质量过硬厂家的产品，推荐选择高强瓷产品，制造工艺应首选等静压成型法，杜绝绝缘子存在先天缺陷。除此之外，瓷支柱绝缘子在出厂和现场验收时，严格按照 GB/T 8287.2—2008《标称电压高于 1000V 系统用户内和户外支柱绝缘子 第 2 部分：尺寸与特性》要求，重点关注绝缘子抗弯强度、超声波探伤试验、底部法兰胶装等部分。

（3）规范变电站管型母线固定方式。对新建 220kV 瓷支柱管型母线变电站，管型母线固定方式应严格按照 GB 50149—2010《电气装置安装工程 母线装置施工及验收规范》要求，使母线在瓷支柱绝缘子上的固定死点，每段应设置 1 个，并宜位于全长或两母线伸缩节中点，以使管型母线在固定金具内自由滑动，伸缩节可靠起到缓冲作用。基建验收时，应重点关注固定金具型号，采用符合要求的固定金具型号。

（4）加强日常运行维护和及时整改存在的问题。目前对于运行中的绝缘子检查，主要是采用外观检查和超声探伤，因此，应充分利用变电站常规巡视和专业化巡视机会，密切关注管型母线和支柱绝缘子运行状态，若发现歪曲和倾斜应立即停电处理。在大风天气和冬季天气温度变化较大后，应加强对管型母线表面是否存在卡涩划痕的巡视，一旦发现则表明管型母线滑动存在问题，应及时组织检修。对于母线严重变形的，为保证管型母线良好滑动，必须进行母线调直或更换管型母线。

第 5 章

风 害 监 测

　　复合绝缘子伞裙撕裂、金具磨损以及构架设备变形都跟风致振动相关，但是沙漠区域电力设备的风振幅度和频次相关的文献相对较少，涉及我国沙漠区域的文献几乎空白。沙漠区域的风害特点与内地不尽相同，输电塔线耦合体系、构架避雷针、电力金具等的风致振动轨迹需要深入分析，借助在线监测设备（如光传感技术、地面监测雷达技术等），才能为沙漠区域的输电工程设计、运行维护和灾害防治提供有力的技术支撑。

　　与其他自然灾害相比，沙尘灾害研究相对较晚。有关电力行业沙尘广域监测和在线监测的研究较少。全国气象防灾减灾标准化委员会针对沙尘暴天气监测制定的标准包括 GB/T 20479、GB/T 20480 以及 GB/T 28593 等，这些标准加强了对沙尘暴的监测力度。对于电力系统来说，主要关注沙尘灾害的时空分布、影响范围、运移路径和运移规律等方面的研究工作，关注沙漠区域输电走廊的通道环境以及输变电设备的风振频率等。大气环境研究者们关注沙尘灾害的时空分布、影响范围、运移路径和运移规律等方面的工作，部分研究可以直接在电力系统中进行应用。可以分析输电走廊的通道环境情况，结合走廊地形环境收集风沙资料，评估对电网的影响。

5.1　在　线　监　测

　　GB/T 20479 详细推荐了沙尘暴监测站的选址、观测环境以及仪器设备等，该标准适用于在固定站点开展沙尘暴天气监测工作。在电力系统中，这些固定站点最好是放置在变电站或者换流站内，因为沙尘天气破坏监测设备，影响信号传输。

光传感技术以其良好的绝缘性能、微小的体积以及抗电磁干扰的优势受到工程研究者的青睐。这种传感器对温度和应力应变的高灵敏度,适用于测量与温度和应力应变相关的参量,并且这种传感器与电源的距离较远,适合在沙漠区域的在线监测。光传感技术的文献较多,这里重点介绍光纤光栅技术。国网电力科学研究院蔡炜课题组已经成功将光纤光栅植入到复合绝缘子芯棒中构成光纤光栅复合绝缘子,分析了光纤光栅复合绝缘子的热应变以及应力应变,得出复合绝缘子温度分布和应力分布与光栅光谱及波长之间的关系,研制了光纤光栅复合绝缘子,研究了故障状态下复合绝缘子内光栅波长与复合绝缘子应变之间的关系,进行了光纤光栅复合绝缘子工程应用情况,成功地记录了2次台风的情况(见图5-1的 2 次最低点),显示出光纤光栅对应力的高度敏感性,非常适合沙漠区域输电侧的振动测量。另外,燕山大学的李志全课题组分析了高双折射光纤光栅扭转特性和光栅的耦合特性,建立了扭转高双折射光纤光栅的耦合方程,分析了光栅反射谱特性与扭转角度的关系。浙江大学沈永行课题组搭建了由光纤法布里一玻罗腔和半导体激光器组成的光纤光栅传感系统,这种光纤光栅传感系统对 800～6000Hz 振动频率传感性能优良,可望进一步改善现有光纤光栅传感系统的振动探测灵敏度。

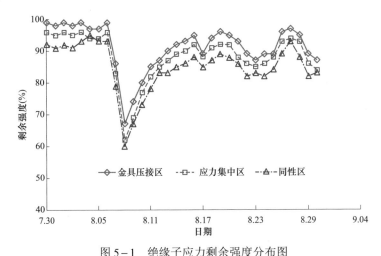

图 5-1　绝缘子应力剩余强度分布图

　　风害在线监测主要包括风偏在线监测、振动在线监测、微气象在线监测、图像在线监测、光纤复合绝缘子在线监测等。

5.1.1　风偏在线监测

输电线路风偏在线监测装置，主要采用倾角传感器对绝缘子串倾角、跳线风偏角进行测量。

1. 风偏角计算

在规程规定的不同气候条件下，校验悬垂绝缘子串导线或耐张绝缘子串跳线对杆塔构件或外拉线的安全距离，包括直线、非直线杆塔绝缘子串风偏校验和跳线的风偏校验。

（1）水平档距和垂直档距。当计算杆塔结构所承受的电线横向（风）荷载时，其荷载通常近似认为是电线单位长度上的风压与杆塔两侧档距平均值之乘积，其档距平均值称为水平档距

$$l_{\mathrm{H}} = (l_1 + l_2)/2 \qquad (5-1)$$

在高差较大又需要准确计算杆塔的水平荷载时，水平档距可按下式计算

$$l_{\mathrm{H}} = \frac{1}{2}\left(\frac{l_1}{\cos \beta_1} + \frac{l_2}{\cos \beta_2} \right) \qquad (5-2)$$

式中：β_1、β_2 分别为杆塔两侧的高差角，（°）；l_1、l_2 分别为杆塔两侧的档距，m。

无风无覆冰时架空导线一个档距内任意一点弧垂计算示意图，如图 5-2 所示。

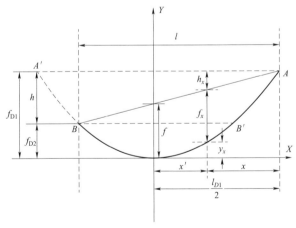

图 5-2　无风无覆冰时架空导线一个档距内任意一点弧垂计算示意图

如果需要计算杆塔结构所承受的电线垂直荷载，通常认为该荷载近似为电线

单位长度上的垂直荷载与杆塔两侧电线最低点间的水平距离之乘积，该水平距离即垂直档距 l_V 的常用计算式为

$$l_V = l_{1V} + l_{2V} = \left(\frac{l_1}{2} + \frac{\sigma_{1o} h_1}{\gamma_V l_1} \right) + \left(\frac{l_2}{2} + \frac{\sigma_{2o} h_2}{\gamma_V l_2} \right) \quad （5-3）$$

对于直线杆塔

$$\sigma_{1o} = \sigma_{2o} = \sigma_o \quad （5-4）$$

$$l_V = \frac{l_1 + l_2}{2} + \frac{\sigma_o}{\gamma_V} \left(\frac{h_1}{l_1} + \frac{h_2}{l_2} \right) = l_H + \frac{\sigma_o}{\gamma_V} a \quad （5-5）$$

式中：l_{1V}、l_{2V} 分别为某一杆塔两侧的垂直档距，m；σ_{1o}、σ_{2o} 分别为某一杆塔两侧的电线水平应力，N/mm²；a 为杆塔的综合高差系数；h_1、h_2 分别为杆塔两侧的悬挂点高差，m，当邻塔悬挂点低时取正号，反之取负号；σ_o 为耐张段内的电线水平应力，N/mm²，对于耐张塔，应取两侧可能的不同应力；γ_V 为电线的垂直比载，N/（m·mm²）。

（2）绝缘子串风压。悬垂绝缘子串风压 P_I（N）按下式计算

$$P_I = 9.81 A_I \frac{V^2}{16} \quad （5-6）$$

式中：V 为设计采用的 10min 平均风速，m/s；A_I 为绝缘子串的受风面积，m²，单盘盘径为 254mm 的绝缘子，每片受风面积取 0.02m²，大盘径及双盘径者取 0.03m²。金具零件受风面积，对单导线每串取 0.03m²，对双分裂导线，每串取 0.04m²，对 3～4 分裂导线，每串取 0.05m²。双联绝缘子串的受风面积，可取为单联的 1.5～2.0 倍。

（3）绝缘配合情况下的计算气象组合。采取下列气象组合进行绝缘子串风偏闪络校验：

运行电压气象条件与正常最大设计风速条件相同。

操作过电压气象条件为年平均气温、无冰、风速为最大设计风速的 50%，且不得小于 15m/s。

雷电过电压气象条件为气温 +15℃、无冰、最大设计风速小于 35m/s 时其风速一般采用 10m/s；当最大设计风速为 35m/s 及以上以及雷暴时风速较大的地区，一般采用 15m/s。

（4）最小间隙规定。我国规程规定，在海拔不超过 1000m 的地区，带电部分与杆塔构件（包括拉线、脚钉等）的间隙，在相应风偏条件下，不应小于表 5-1

所列数值。

表 5-1   带电部分与杆塔构件的最小间隙   （m）

标称电压（kV）	110	220	330	500	
海拔 h（m）	$h \leqslant 1000$			$h \leqslant 500$	$500 \sim 1000$
雷电过电压	1.00	1.90	2.3	3.30	3.30
操作过电压	0.70	1.45	1.95	2.50	2.70
工频电压	0.25	0.55	0.90	1.20	1.30

在海拔高度超过 1000m 地区海拔高度每增高 100m，操作过电压和运行电压的间隙应较表 5-1 所列数值增大 1%。如因高海拔而需增加绝缘子数量，则表 5-1 所列的雷电过电压最小间隙也应相应增大。

（5）悬垂绝缘子串风偏角。悬垂绝缘子串的风偏角 ϕ 由下式计算

$$\phi = \arctan\left(\frac{P_\mathrm{I}/2 + Pl_\mathrm{H}}{G_\mathrm{I}/2 + W_1 l_\mathrm{H} + aT}\right) = \arctan\left(\frac{P_\mathrm{I}/2 + Pl_\mathrm{H}}{G_\mathrm{I}/2 + W_1 l_\mathrm{V}}\right) \tag{5-7}$$

式中：P_I 为悬垂绝缘子串风压，N；G_I 为悬垂绝缘子串重力，N；P 为相应于工频电压、操作过电压及雷电过电压风速下的导线单位长度风荷载，N/m；W_1 为导线单位长度自重力，N/m；l_H、l_V 分别为悬垂绝缘子串风偏角计算用的杆塔水平和垂直档距，m；a 为塔位高差系数；T 为相应于工频电压、操作过电压及雷电过电压气象条件下的导线张力，N。

l_H 和 l_V 分别由式（5-1）和式（5-3）进行计算；P_I 由式（5-6）进行计算；P 结合水平档距进行计算。

（6）耐张塔跳线绝缘子串风偏角。耐张绝缘子串风偏角 ϕ 为风垂直导线吹时引起耐张绝缘子串在水平面内的偏移角度，由下式计算

$$\phi = \arctan\frac{G_\mathrm{H} + g_4 l}{2T} \tag{5-8}$$

$$G_\mathrm{H} = 9.81 A_\mathrm{I} \frac{v^2}{16} \tag{5-9}$$

式中：G_H 为耐张绝缘子串所受风压，N；A_I 为绝缘子串受风面积，m²；v 为风速，m/s；g_4 为导线计算条件下的单位风荷载，N/m；l 为计算侧档距，m；T 为计算条件下的导线水平张力，N。

2. 风偏角测量

目前风偏角测量主要采用倾角传感器进行测量，将倾角传感器安装在悬垂绝缘子串球头挂环及跳线上，如图 5−3 所示，绝缘子串的摇摆反映在倾角传感器上的输出数据便是绝缘子串的摇摆角 ϕ，即为风偏角。

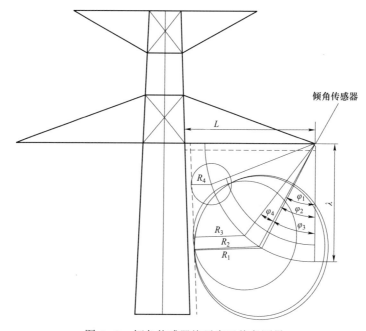

图 5−3　倾角传感器缘子串风偏角测量

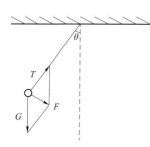

图 5−4　固体摆原理示意图

常用的倾角传感器从工作原理上可分为固体摆式、液体摆式、气体摆式三种。

（1）固体摆式。固体摆在设计中广泛采用力平衡式伺服系统，如图 5−4 所示，其由摆锤、摆线、支架组成，摆锤受重力 G 和摆拉力 T 的作用，其合外力 F 为

$$F = G\sin\theta = mg\sin\theta$$

式中：θ 为摆线与垂直方向的夹角。在小角度范围内测量时，可以认为 F 与 θ 呈线性关系。如应变式倾角传感器就基于此原理。

（2）液体摆式。液体摆的结构原理是在玻璃壳体内装有导电液，并有三根铂电极和外部相连接，三根电极相互平行且间距相等。当壳体水平时，电极插入导电液的深度相同。如果在两根电极之间加上幅值相等的交流电压时，电极之间会

134

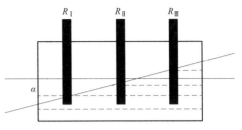

图 5-5　倾角为 α 时液体摆原理示意图

形成离子电流，两根电极之间的液体相当于两个电阻 R_{I} 和 R_{III}。若液体摆水平时，则 $R_{\mathrm{I}} = R_{\mathrm{III}}$。当玻璃壳体倾斜时，电极间的导电液不相等，三根电极浸入液体的深度也发生变化，但中间电极浸入深度基本保持不变。如图 5-5 所示，左边电极浸入深度小，则导电液减少，导电的离子数减少，电阻 R_{I} 增大，相对极则导电液增加，导电的离子数增加，而使电阻 R_{III} 减少，即 $R_{\mathrm{I}} > R_{\mathrm{III}}$。反之，若倾斜方向相反，则 $R_{\mathrm{I}} < R_{\mathrm{III}}$。

在液体摆的应用中也有根据液体位置变化引起应变片的变化，从而引起输出电信号变化而感知倾角的变化。在实用中除此类型外，还有在电解质溶液中留下一气泡，当装置倾斜时气泡会运动使电容发生变化而感应出倾角的"液体摆"。

（3）气体摆式。气体在受热时受到浮升力的作用，如同固体摆和液体摆也具有的敏感质量一样，热气流总是力图保持在铅垂方向上，因此也具有摆的特性。气体摆式惯性元件由密闭腔体、气体和热线组成。当腔体所在平面相对水平面倾斜或腔体受到加速度的作用时，热线的阻值发生变化，并且热线阻值的变化是角度 α 或加速度的函数，因而也具有摆的效应。其中热线阻值的变化是气体与热线之间的能量交换引起的。

当流体的动力学黏度、密度和热传导特性一定时，若热线周围流体的速度不同，则流过热线的电流也不同，从而引起热线两端的电压也产生相应的变化。气体摆式惯性器件就是根据这一原理研制的。

风偏在线监测装置主要应用液体摆式原理进行设计。

为了同时测量绝缘子串沿线路及垂直于线路两个方向的倾斜角，将两个单轴倾角传感器垂直排列集成设计形成双轴倾角传感器，可提供与 X、Y 轴倾角呈线性的输出信号。如图 5-6 所示，双轴传感器由两个密封焊接的拱状构成。下层的聚酯塑料拱板板上垂直对称布置有 4 块电容板，而上层的铝拱板则作为一个公共端。将电解质溶液密封入拱形夹层内，并形成约占 1/4 空间的气泡位于中间，当倾斜时，气泡位置变化，导致电极间电容值发生改变，从而反映出两个方向的倾斜角度。

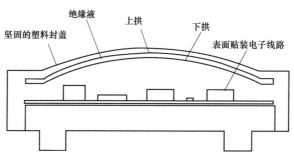

绝缘液　　　上拱　　　下拱

坚固的塑料封盖　　　　　　　　　　　　　表面贴装电子线路

图 5-6　双轴倾角传感器

3. 监测系统构成

输电线路风偏在线监测系统从结构上由风偏监测仪、气象环境观测站和监测中心三部分组成,如图 5-7 所示。其中绝缘子串风偏角监测仪安装在绝缘子串上,气象环境观测站安装在杆塔上,监测中心设置在电力运行单位。

图 5-7　风偏在线监测系统组成

系统实现的功能主要包括数据采集传送、故障报警、实时控制和采集数据处理。现场监测装置采集环境温度、环境湿度、风速、风向、气压、雨量强度、绝缘子串风偏角等相关数据,并根据监测中心命令实时上传。

风偏在线监测系统从功能上分为以下几个部分:

(1)数据采集单元。按设定时间间隔自动采集导线风偏角和偏斜角,能传感、自动采集直线塔绝缘子串、耐张塔跳线或档中导线风偏角和偏斜角,进行相应存储,并将测量结果通过通信网络传输到状态监测代理装置或状态监测主站系统,同时具备受控采集功能，能响应远程指令，按设置采集方式、自动采集时间、采集时间间隔启动采集，对安装在线上的风偏监测单元，宜能同时采集监测装置电源电压等。

（2）数据存储单元。对采集数据进行存储，满足循环存储至少 30 天的风偏状态量数据的要求。

（3）数据输出单元。输出包括导线风偏角、偏斜角状态量数据，及电源电压、工作温度、心跳包等工作状态数据的信息。

（4）通信网络。输电线路在线监测系统主要采用的通信方式主要有四种：① 电力专网的光纤；② 无线 WiFi；③ WiMAX 技术（全球微波接入互操作）；④ 公网 3G。随着北斗技术的发展，在"无人区"等弱信号区域将采用北斗卫星通信来进行在线监测数据传输。

5.1.2　微风振动在线监测

1. 监测原理

微风振动引起导线的疲劳断股是输电线路安全运行的一大威胁。微风振动是由于微风吹过电线后所形成的所谓"卡门祸流"引起的电线高频率、小振幅振动。它的产生、振动水平与许多因素密切相关，如风速、风向、气温、地形地物、电线的规格和结构、电线张力、档距长度与悬挂点高度、电线材料材质、金具型式、防振方式与防振器特性、电线运行时间（自阻尼特性变化）等因素对微风振动强弱、分布、危害程度都有一定影响。尤其在大跨越上，因档距大、悬挂点高和水域开阔等特点，使风输给导线的振动能量大大增加，导线振动强度远较普通档距严重，一旦发生某些线路部件的疲劳损坏，如导地线的疲劳断股，金具、间隔棒及杆塔构件的疲劳损坏或磨损等，会严重威胁输电线路的安全运行，给国民经济造成重大损失。

目前对输电线路微风振动判定标准一般有两种：一种是苏联习惯采用的振动角判定标准；另一种是采用弯曲应变（线夹出口 89mm 处的振动峰峰值）的北美判定标准，其中北美判断标准表述输电导线振动应力更为合适。IEEE 规定：当导线外径小于 17.8mm 时，弯曲应变不应大于 150με；导线外径超过 17.8mm 时，弯曲应变不大于 300με。根据力学分析，输电导线悬垂线夹出口处的受力情况十分复杂，首先线夹出口处会受到导线的静拉力、弯曲应力，这两个力又导致了不同线股之间的压力和切向力。线股的弯曲应力会受到线股滑移的影响，而滑移本身和档距、导线拉力、导线直径、导线线股的紧密程度、线夹的压力等多种因素有关。在考虑了线股滑移之后，在悬垂线夹出口处的动弯应变与振幅之间的关系可由下式表示

$$\varepsilon = KAd \qquad (5-10)$$

式中：ε 为导线的动弯应变；K 为滑移换算系数；A 为距悬垂线夹出口 89mm 处，导线相对垂线夹出口的弯曲振幅；d 为导线直径。

式（5-10）中的换算系数 K 可由下式表示

$$K = \frac{f/\mathrm{EI}}{2[1 - e^{-f t \mathrm{EI} \cdot a}(1 + f/\mathrm{EI} \cdot a)]} \qquad (5-11)$$

式中：f 为导线的张力；EI 为导线弯曲刚度；a 为常数，$a = 89$mm。对于特定的导线，通过距离垂线夹出口处 89mm 处的导线振幅可得导线的动弯应变。在上面的公式中，并没有体现频率对动弯应变的影响，但是相关研究发现，频率对微风振动换算系数 K 有一定的影响，可以采用导线振动频率来修正换算系数。

微风振动采集单元采用的"弯曲振幅法"对导线微风振动进行测量，测量的是叠加在导线运动上的小幅度、高频率的振动，是基于两点的相对振幅，测取导地线夹头出口 89mm 处导地线相对于线夹的动弯振幅，以此值大小来计算导地线在线夹出口处的动弯应变，符合国内外相关标准，并且能够预测导线疲劳寿命。

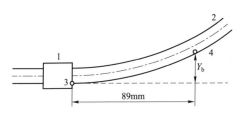

图 5-8 振动测量原理示意图

1—线夹或夹头；2—导地线；3—导地线与线夹的接触点；
4—弯曲振幅 Y_b（相对于线夹）

振动测量原理示意图如图 5-8 所示。

输电线路微风振动在线监测系统使用微风振动采集单元，能够实时自动采集导地线微风振动信号，通过通信网络，将振动信号传输到后端数据处理系统，进行振动分析、预测导线疲劳寿命，为线路运行提供参考。

2. 监测系统组成

输电线路微风振动在线监测装置设备由气象采集单元（见图 5-9）、若干台振动采集单元（见图 5-10）、太阳能供电系统和数据集中器组成。

图 5-9　气象传感器

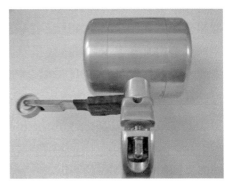

图 5-10　振动采集单元

导线振动采集单元安装在导线、地线、OPGW 上的阻尼线夹头、防振锤夹头、间隔棒夹头等处。

数据集中器和气象环境监测装置安装在铁塔横担端部上，保证数据传输的可靠性和数据测量的有效性。装置外观结构和安装位置不会影响线路检修维护工作。微风振动在线监测系统从功能上来划分，组成与风偏在线监测基本相同，数据传输的内容不同。

5.1.3　微气象在线监测

输电线路微气象在线监测系统是一套针对输电线路在特殊地点的气象环境监测而设计的多要素微气象监测系统，如图 5-11 所示。可监测环境温度、湿度、

图 5-11　微气象在线监测装置

风速、风向、气压气象参数，并将采集到的各种气象参数及其变化状况，通过无线网络实时的传送到系统主机中，系统主机可对采集到的数据进行存储、统计与分析，并将所有数据通过各种报表、统计图、曲线等方式显示给用户。当出现异常情况时，系统会以多种方式发出预报警信息，提示管理人员应对报警点予以重视或采取必要的预防措施。

5.1.4　图像监测

绝缘子是线路传输的重要组成设备，起着悬挂、支撑导线和绝缘的作用。线路绝缘子串在长期运行过程中会受线路风偏摆动受力损伤而导致内部产生缺陷。当摆动幅度和频率累积到一定程度，结构会出现损伤而导致断裂，引发停电或人身伤亡事故，对电网的安全运行构成了严重威胁。

为自动检测绝缘子的风偏摆动，判断其磨损程度，评估其运行寿命，保障电网安全稳定运行，研究基于智能图像处理的绝缘子风偏摆动监测（见图 5-12）技术，采用非接触式可见光图像处理技术，自动监测绝缘子摆动，经图像处理算法分析处理，计算并判断绝缘子摆动的频率、方向和幅度，评估绝缘子磨损状况，对隐患进行提前预警，提升线路在线监测水平。

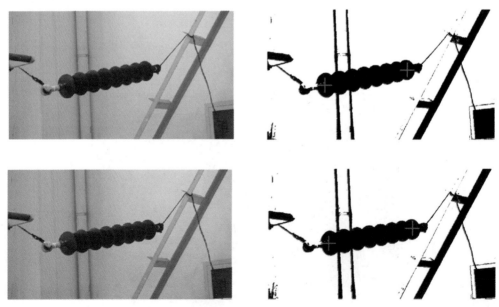

图 5-12　基于图像分析的绝缘子风偏摆动监测

本装置采用可见光图像作为监测的主要信息来源。图像测量技术是近些年来在测量领域中出现的一种比较新型的高性能测量技术。它是以光学成像技术为基础，将激光技术、计算机技术、电子技术、数字图像处理技术等多种科学技术融为一体，构成光、机、电综合的测量系统。所谓图像测量技术，就是把图像当作检测和传递信息的手段或载体加以利用的精确测量技术。其目的是从图像中提取有用的信号。它通过对所获得的二维或者三维图像进行处理和分析，最终实现测量的目的。

绝缘子摆动的自动识别是通过摄像头拍摄图片，经图像处理算法分析处理，然后计算并判断绝缘子摆动的频率，方向和幅度，并将结果传至监测系统的处理中心，进而评估绝缘子磨损程度。

算法主要包括两个部分：可见光图像的预处理和识别分析。可见光图像预处理主要有去噪、自动曝光、颜色还原等。图像数据识别实现从复杂背景中完整分离绝缘子及各类金具，主要有图像灰度转换、二值化、区域跟踪和提取、图像卷积和区域识别。软件中预先输入各类材料（玻璃、复合、瓷片）不同电压等级的线路绝缘子、各类金具（电缆接头夹具、防振锤）的形态图片，建立模板。与图像分割后的各个区域进行卷积匹配，识别目标。

5.1.5　光纤复合绝缘子在线监测

为了抵御频繁发生的污闪事故，越来越多的复合绝缘子被应用于电力系统中，这些复合绝缘子的运行状态直接影响着输电系统的安全可靠运行。实际运行中的复合绝缘子处于电气、机械和化学等因素的综合作用下，容易出现芯棒脆性断裂、掉串等事故。为了最大限度地预防复合绝缘子芯棒脆性断裂等事故，研究了一种基于光传感复合绝缘子智能监测技术（装置命名为光纤光栅复合绝缘子），该技术在复合绝缘子的芯棒基体内植入光纤布拉格光栅（Fiber Bragg grating）构成智能芯棒结构。这种结构能在线检测复合绝缘子内部温度与应力的变化，从而可以实时监测复合绝缘子的运行状态，并判断出复合绝缘子内部缺陷，实现对在线运行复合绝缘子的状态评估及寿命预测。

1. 光纤光栅复合绝缘子的试制

国内厂家采用的复合绝缘子生产工艺主要是两种，即挤包套伞法和整体注射法，两种工艺生产绝缘子的基础材料，端部附件与连接工艺是相同的，只是在生产绝缘串的工艺上略有不同。经检验合格的芯棒表面经多次清洁处理后进行干燥处理，将稀释后的耦联剂溶液均匀紧密地涂敷在芯棒表面，在芯棒表面形成薄的涂层，干燥后即可进入绝缘串生产。

光纤复合复合绝缘子的试制主要分为光纤光栅埋入芯棒和高温包胶两个主要过程。

第一步：光纤光栅埋入芯棒过程。

（1）取出完成光栅写入的光纤，找出预留尾纤比较长的一端（预留长度一般为80～100cm），为绝缘子低压端。测量低压端从第一个光栅到低压端尾部的距离，精确到毫米，记为 L_1。取出耐高温的光纤松套管，量取长度 L_1 并剪断，保证整段松套管都是光滑的，没有折痕；取出金属软管，量取 L_2（$L_2 = L_1 - 3cm$）长度，剪断，保证断面为圆口，取出套管内自带的光纤。

（2）用胶水（型号：353nd）粘接松套管和光纤，并用电烙铁进行烘烤，该过程保证在无风的环境下进行，当套管以外所有的胶水变成深色后即可。

（3）将光纤未入套管的部分盘起后，将光纤尾部松套管穿入已量好长度的金属软管，穿入距离为 L_2，此时金属软管尾部和松套管尾部对齐。将松套管先抽出金属软管约 1cm，将头部接触的地方用相同方式涂上胶水然后再将松套管送入金属软管内到对齐的位置上，在接头处补上少量胶水，用电烙铁烘烤松套管和金属软管之间粘接的胶水，直到检验烘烤成功。

（4）把金属软管连同里面已经粘牢的光纤和松套管一起穿入钢管，直到钢管顶住金属软管头部。将钢管和光纤拿到制作芯棒的导纱板旁边，目测模具轴心所在直线对应导纱板上相邻最近的两孔，将做好的钢管穿入选好的两个孔。

（5）光纤全部进入模具后，静候 3h 左右，形成初步的芯棒。芯棒留出足够长度（首位光栅总长度＋钢管长度＋1m）后，将芯棒的两端锯断。利用砂轮机打磨锯好的芯棒后，用金刚锉缓慢地锉断露出的钢管。钢管断开后，轻轻抽出断开的钢管，使金属软管能够完整地露出。

（6）取下磨好的芯棒，用砂轮机将芯棒端部磨程台阶形的端面（注意不要碰到钢管和金属软管）；并用胶布沿着轴向将小段钢管绑在棒子端部，和软管粘在一起以保护软管出口。

第二步：高温包胶过程。

（1）小心拆开保护用的胶布并取下固定用的钢管，用光纤跳线的外层护套作为导管，将金属软管导入碗头金具的孔中；将碗头金具轻轻套住芯棒，该过程中遇到阻力立刻停止，查询原因，是否芯棒表面不光滑或者存在金具问题，直到金具完全顺利套进芯棒。

（2）将球头金具套住芯棒的另一端，然后用金具压接机进行定位压接（注意在压接过程中不要再次抽出芯棒，也不要转动金具）。

（3）定位压接完成后，将压接好的芯棒放到预热电炉里烘烤 15min 左右。将烘烤好后带金具的芯棒放到高温包胶模具内，在碗头金具和球头金具的孔内均填满密封胶 RTV 或者挤包工艺用的生料硅橡胶，等待 24h 后，胶固化成型。

（4）将完整的绝缘子拿到压接机上进行二次压接，按设计拉力耐受能力压接，压接完成后，拿到拉力机上做出厂前的 60% 破坏拉力 30s 耐受试验。图 5-13 为新工艺光纤复合绝缘子成品图。

图 5-13　光纤复合绝缘子成品图

2. 光纤复合绝缘子在线监测系统的设计

光纤复合绝缘子在线监测系统的设计必须结构简单，体积较小，以便于现场安装和后期维护。数字采集系统是整个系统的核心元件，传统数字采集系统是采用 MCU 或 DSP 来控制数据采集的模/数转换，但必将频繁中断系统的运行从而减弱系统的数据运算，数据采集的速度也将受到限制，而采用较为先进的 SoPC 来控制模/数转换和数据存储，该法可最大限度地提高系统的信号采集和处理能力。

光纤复合绝缘子在线监测装置在电力杆塔上安装，用以被测绝缘子内光栅波长和监测气象信息数据，并将数据按要求整合，通过无线网络发到服务器。该装置采用标准 PCB 设计规范和 EMC 设计规范。总体框图如图 5-14 所示。

该系统的重要性能指标见表 5-2。

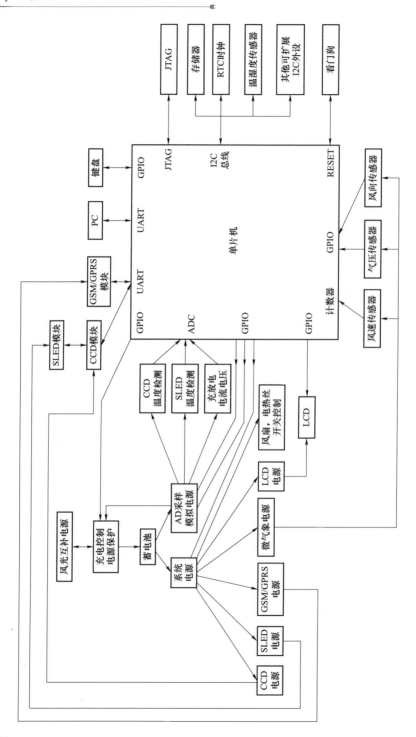

图 5-14 光纤复合绝缘子在线监测系统的总体框架图

表 5-2 光纤复合绝缘子在线监测系统的性能指标

性能指标名称	性能指标要求
整机总功耗	平均小于 5W，峰值小于 20W
串口输出波特率	9600、115 200bit/s
整机耐受电场强度	大于 2000V/m
短信发送成功率	大于 95 %
湿度测量精度	1 %
风速测量精度	0.1m/s
风向测量精度	2°
波长扫描频率	大于 1Hz
CCD 模块电源	8.2V±0.2V，纹波小于 50mV
SLED 模块电源	5.0V±0.1V，纹波小于 50mV
温度控制范围精度	-10~50℃内设定值±1℃
过冲过放保护响应时间	小于 1s
上位机指令响应时间	开机状态：小于 30s 全局状态：小于 12h
波长分辨精度	10pm
波长分辨间隔	1.5nm
PD 参数搜索时间	小于 60s
实时时钟误差	小于 10s/月

5.2 广 域 监 测

在卫星遥感方面，主要的研究包括沙尘灾害的空间分布范围和影响区进行识别以及定位、对沙尘运移路径和运移规律的变化过程进行动态监测、沙尘信息的遥感定量提取、沙尘灾害产生的大气及下垫面等背景状况监测、沙尘灾害动态模拟等。一般遥感监测需要结合地面定点观测。遥感监测弥补了地面观测的不足，二者结合可以进行的研究包括反演沙尘灾害产生区、沙尘扩展区和大气扰动的关系、沙尘传输过程中的扩散、不同卫星数据的相互校正和校勘等工作。对于沙尘灾害的运行路径、影响范围等，则是电力系统的重点关注对象，这方面的研究相对较多。郑新江等跟踪了沙尘暴天气的过程，对该次沙尘暴天气云图特征进行了详细分析，沙尘暴区域分布在云团与锋面云带之间的灰白色调区域，通过跟踪该区域即可获得沙尘灾害运行路径、影响范围等信息，并可以推测沙尘暴源区和可能路径。Z. Zhou 等和 R. Tsolman 等在分析东亚区域沙尘天气历史事件的基础上，通过卫星遥感和地面监测结合的手段，推测出沙尘的时空分布和演变趋势。R. Tsolman 等给出了蒙古地区每年沙尘暴发生的天数（见图 5–15）。

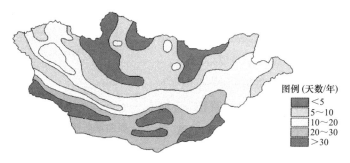

图例（天数/年）
■ <5
□ 5～10
□ 10～20
□ 20～30
■ >30

图 5–15　每年蒙古地区沙尘暴的发生天数

在雷达监测方面，国内外学者对沙尘气溶胶物理化学特性、输送路径、遥感分析、成因分析等做了深入研究。利用激光雷达研究沙尘气溶胶光学属性的时空分布具有很大的优势，尤其是对气溶胶的垂直分布探测。董旭辉等利用激光雷达对沙尘天气的气溶胶进行了观测，得到了沙尘气溶胶消光系数的时空分布特征。申莉莉等利用激光雷达观测的沙尘气溶胶时空分布，并分析了相关的沙尘天气趋势，分析了沙尘天气过程中沙尘气溶胶的传输路径。I. Uno 等采用激光雷达建立了沙尘天气气溶胶的三维结构，评估了中亚区域沙尘气溶胶的输送量。王敏仲利用边界层风廓线雷达开展了对沙尘暴等气象过程的探测试验研究，重点分析了沙尘暴过程回波信号和速度功率谱分布特征，评估了沙尘暴过程测风数据，计算归纳了沙尘暴的回波强度量值范围，定量反演估算了沙尘暴高空粒子数浓度和质量浓度；从风的精细结构分析、锋面系统判识、温度平流反演、回波强度等角度探讨了高时分辨率的风廓线资料在干旱区域天气分析中的应用技术方法。

5.2.1　测风雷达

常规测风雷达是测风的专用雷达。气球携带回答器（或反射靶）升空，当雷达天线对准气球时，发出询问脉冲，能立即接收到回答脉冲（或反射脉冲）。根据回答脉冲和询问脉冲的时间间隔可确定气球距雷达的直线距离，加上天线的方位和仰角，即可确定气球的空间位置。由气球运动轨迹可计算得到各高度风向和风速。测风雷达的探测高度可达 30km，且不受天气条件限制。

激光测风雷达（见图 5-16）是方兴未艾的一种全新的大气风场探测手段。激光测风雷达直接测量的是视线方向上的激光反射光的频移（视线风速）。在这个基础上，激光雷达还必须能够获得多方位的风速数据才能够反演出风场。这就需要相应的光学扫描系统，它在保证发射、接收视场重叠的前提下，控制激光束投射到指定的方向，使激光雷达获得不同视线角度的风速数据。激光雷达测风系统中的光学扫描部分实现了以上要求，在水平旋转和俯仰控制上的精度都达到了＜0.5°，能够满足激光测风系统的实用需要。测风雷达系统，可以提供标准和详细的测风数据，可在多个高度对风进行测量，且具有很高的分辨率，测量高度可达 200m 或更高。本装置广泛应用在各个领域：空气质量输入软件模式，气象短时预报，优化空中交通和减少意外事故的发生，在风能方面可以更好地预报风量。

图 5-16 　激光测风雷达

风廓线雷达（wind profiler radar）是一种新型的测风雷达，能够提供高时间分辨率（3～6min）和垂直空间分辨率（50、100、120m）的大气水平风速、风向、垂直速度等气象要素，与常规大气探测设备相比，风廓线雷达在探测精度、垂直空间分辨率和探测时间分辨率等方面是其他观测设备所无法比拟的，具有探测资料连续、探测频次密集、自动化程度高等优点，是加强对气象灾害监测预报预警的一种新型手段。目前，我国已有 60 多台固定式对流层风廓线雷达、边界层风廓线雷达，广泛应用于天气气候预报预测、大气污染监测、航空气象等气象服务保障工作中。

风廓线雷达探测具有三个突出的特点。① 探测资料具有较高的时间分辨率和垂直空间分辨率。最小时间分辨率为几分钟（一般为 3～6min），垂直空间分辨率为几十米，并且能够实现连续不间断探测。② 探测得到的资料产品较多，能够给出多种气象要素信息。水平风廓线只是风廓线雷达提供的基本气象要素。除此之外，还能提供垂直速度、信噪比、谱宽、回波功率、径向速度、大气折射率结构常数等产品。③ 遥感探测方式，风廓线雷达属于地基遥感探测设备，利用电磁波探测大气流的多普勒频移来计算反演三维风场信息。

风廓线雷达与多普勒天气雷达、激光雷达的对比（见表 5-3），波长依次减小。其中激光雷达的波长远小于风廓线雷达的波长。

风廓线雷达与多普勒天气雷达是气象探测领域地基遥感的两大探测系统。风廓线雷达以晴空大气作为主要探测对象，可以对晴空大气进行连续探测，提供风场、湍流场等信息。近年来，通过采用数字中频技术风廓线雷达具有很大的动态接收范围，可在降水天气条件下进行有效工作，可同时探测湍流散射信号和降水粒子散射信号。风廓线雷达虽为单点探测设备，但在垂直方向上对大气目标物的探测精度远高于多普勒天气雷达，它在区域数值模式、气象灾害监测预报、航空气象、污染气象等专业领域可发挥重要的作用。

多普勒天气雷达通常使用的波长是厘米波，一般小于风廓线雷达的波长，可划分为 K、X、C 和 S 四个波段，K 波段的雷达主要用于探测非降水云，X、C 和 S 波段的雷达主要用于探测降水粒子，可以从面上对降水云体进行连续探测，提供一定区域降水粒子散射强度、运动速度等信息。它在临近预报、中小尺度天气预警、区域降水定量估测等方面发挥着不可替代和重要的作用。多普勒天气雷达和风廓线雷达均利用多普勒原理测量大气目标物的速度信息，因此，二者均属于多普勒雷达的范畴。

激光雷达属于是环境领域的雷达，是快速监测大气环境的新一代高技术产品。它根据大气对激光的弹性散射、消光等物理效应，通过探测大气气溶胶和云的激光后向散射回波，实现对几 km 乃至十几 km 范围内的大气环境进行实时快速监测。监测内容可包括大气气溶胶的时空分布、云高和云层结构、边界层结构等。通过计算获得大气能见度、消光系数廓线，可给出大气气溶胶的分布情况。

微脉冲偏振激光雷达还可以有效地区分球形颗粒（云滴、雾滴）与非球形颗粒物 （飘尘、沙尘），从而在激光雷达自动测量的大量数据中有效地区分云和沙尘气溶胶，也可用来探测高层冰晶组成的卷云。微脉冲偏振激光雷达由于其发射功率有限，波长较短，在强沙尘暴天气条件下激光不能有效穿透整个沙尘层。由于激光雷达系统的高时空分辨能力，以及具有连续、实时、大范围遥感监测的特点，激光雷达将越来越多地用于大气环境污染的监测和研究中。

表 5-3 三种典型雷达的特征比较

雷达类型	波长范围	距离分辨率	最大探测距离	雨的影响
风廓线雷达	10～10m	50～500m	5～30km	衰减影响不大
多普勒天气雷达	1～10cm	150～1000m	100～450km	轻微至中等程度的衰减影响
激光雷达	0.1～2μm	30m	10～20km	很严重的衰减

5.2.2 卫星遥感监测

沙尘暴天气是一种强灾害性天气，会给电力设施造成严重的损失和极大的危害。由于独特的地理环境，新疆是沙尘暴频繁发生的地区。灾害性的大风一直威胁着新疆电网输电线路的安全运行，因强风和沙尘暴造成的输电线路倒杆塔、断线、风偏、污闪、绝缘子脱串和金具断裂等事故时有发生。新疆是重要的电力能源输出地，保障输电线路的安全对新疆的电力向疆外输送具有极其重要的地位。因此分析新疆地区沙尘天气进行监测，建立新疆大风预警机制有重要意义。

GB/T 20481 沙尘暴天气等级对沙尘等级划分标准指出，沙尘暴指风将地面大量尘沙吹起，使空气很混浊，水平能见度小于 1km 的天气现象；强沙尘暴指大风将地面尘沙吹起，使空气非常混浊，水平能见度小于 500m 的天气现象。特强沙尘暴指狂风将地面大量尘沙吹起，使空气特别混浊，水平能见度小于 50m 的天气现象。

沙尘暴预报的准确性，加强预警、减缓沙尘暴造成的影响，需要进行沙尘暴天气监测，以获取与沙尘暴天气发生、发展和变化有关的各种参数，提供描述沙尘暴天气的观测依据。与沙尘暴天气监测相关的各种项目和方法众多，为瞄准预报、预警、服务并优选其方法。

能见度是世界气象组织（CWMQ）各成员国用于区分不同等级沙尘暴天气的重要指标，在我国已经有 50 余年的数据积累，且在我国上千个气象站点上作为常规观测项目，应视为沙尘暴天气监测基本和传统的指标；风是产生沙尘暴的必要因素，并对沙尘暴天气等级划分有辅助作用，其中与沙尘暴有最直接关系的地面风速应该是一个重要的监测项目。伴随着沙尘暴的发生、发展和平息，空气动力学等效直径小于或等于 40μm 的沙尘气溶胶粒子能够代表绝大多数沙尘暴颗粒，且通常可以长距离输送形成较大范围的影响，因此被多数科学研究选为表征沙尘暴的重要参数，也被选为沙尘暴数值预报系统输出的核心物理量。理想的状态是对沙尘气溶胶进行监测，但是目前尚无较好的技术手段直接观测沙尘气溶胶，考虑到沙尘暴期间大气气溶胶的主要成分是沙尘气溶胶，基于目前的观测技术，选择接近的物理量 PM_{30}（空气动力学等效直径小于或等于 30μm 的气溶胶粒子）进行监测也不失为监测这种重要的、反映沙尘暴天气的指标一种可行的方法；大气飘尘（PM_{10}）在有较大强度和较大影响范围抄尘暴发生期间，可以近似地表征空气动力学等效直径小于等于 10μm 的沙尘气溶胶粒子，也可视继前两种监测指标后的另一个补充指标。同时由于 PM_{10} 可被人体吸入，对于评价沙尘暴对人的健康影响有较重要的作用；大气降尘可以反映一个较长时间段沉降到地表的沙尘暴颗粒的总体特征，而且采集的降尘样品能够对沙尘的理化特征进行后续分析、评估其影响等，也是一种与沙尘暴天气监测有关的参数;在沙尘暴潜在源地、自然状况下测得的浅层土壤温度对沙尘暴数值预报准确性也有较大影响，也可视为沙尘暴天监测中的一个监测项目。

但沙尘暴灾害特征复杂，时空分布和成灾机理与地形、电网设备的特性有关，单纯依靠分辨率较低的气象观测尚不能满足需求。在可得到的气象、水文资料的基础上，适当增加部分设在电网及相关关键区域的自动观测设备，进行实时风速、风向、温度、湿度、雨量、气压等加密观测，实现分布式数据采集，加强对电网灾害的监测。在此基础上，充分利用气象卫星的广域性监测优势。气象卫星资料的时空分辨率高，在一张卫星云图上可以看到从行星尺度到天气尺度、中尺度以及风暴对流单体等各种不同时空尺度的天气系统，并可以展示出该系统中正在发生着的动力和热力过程。因此，将卫星云图资料与常规资料相结合使用，可以大大提高对沙尘暴天气系统发生、发展机理和结构特征的认识，增强对它们的中、短期预报和警报的能力。

我国在遥感技术监测方面取得了长足进步。环境与灾害监测预报小卫星 A、B 星的成功发射，初步建立了环境与灾害监测预警体系，提高了我国环境监测和综合减灾能力，实现大范围、全天候、全天时、动态的环境和灾害监测。另外未来新型遥感卫星的发射将组成一个地球观测系统，实现在短时间内任意地点的遥感信息获取。届时电网广域监测信息的获取将变得更加快捷。

遥感技术在输电线路广域监测的应用研究还有待进一步开展，实现线路遥感监测的实用化、建立融合多源遥感卫星的电网广域监测数据处理与专家决策平台，是目前遥感技术在线路广域监测应用领域的发展趋势。在线路防灾减灾领域，卫星遥感广域监测技术的应用与拓展，不但能够节省人力、物力，而且可以提高电力系统运行的安全性，将成为建设智能电网的重要技术支撑。

通过广域电力环境监测系统的建设，为调度部门实时调整电网运行方式提供依据，为调度台事故处理提供辅助服务，提高电网的安全性和稳定性，能减少电网发生重特大事故发生的概率，具有较大的减灾社会效益和经济效益。

风云三号是我国第二代极轨气象卫星，目标是实现全球大气和地球物理要素的全天候、多光谱和三维观测。风云三号 01 批为试验星，包括两颗卫星。风云三号 A 星和风云三号 B 星。风云三号 A 星和 B 星已分别于 2008 年 5 月 27 日和 2010 年 11 月 5 日成功发射。

风云三号 02 批卫星是我国第二代业务极轨气象卫星，C 星是 02 批卫星的首发星，设计寿命 5 年，于 2013 年发射。星上搭载了 12 台套遥感仪器，包括：可见光红外扫描辐射计、红外分光计、微波温度计、微波湿度计、微波成像仪、中分辨率光谱成像仪、紫外臭氧垂直探测仪、紫外臭氧总量探测仪、地球辐射探测仪、太阳辐射测量仪、空间环境监测仪器包和全球导航卫星掩星探测仪。其中，微波温度计和微波湿度计升级为 Ⅱ 型，进一步提高了空间探测精度。全球导航卫星掩星探测仪为新增载荷，提升了全球大气三维和垂直探测能力。

5.3　多尺度数据融合的风害数值预报

电网线路的特点是覆盖范围广，空间宽度小，要对电网的维护保养进行精确调度，需要配合高精度的天气预报。风的变化具有瞬时性、局地性和随机性，现有针对局地天气预报的空间分辨率很难满足电网杆塔级别的线路维护需求，须在传统数值天气预报基础上配合高精度的地形图，利用动力或统计降尺度技术，改善天气要素的预报准确度和分辨率。利用中尺度数值预报模式结合微尺度降尺度模型，在降尺度模拟时引入更高经度的地形数据进行系数修正，将很大程度上改善大风预报预警质量，对实现电网线路的高效运维具有重要意义。

主要思路是：首先收集获取电网微气象监测装置以及中国气象局自动气象站的气象数据。其次研究中尺度数值天气预报系统 WRF 和微尺度模拟系统 CalMet 相结合的数值预报模式关键技术，并基于已有的观测数据确定适用于沙漠地区的数值模拟最优参数化方案，提出基于中尺度和微尺度模型的数值模式方法。最后，将数值气象预报结果应用于沙漠地区电网强风预报及风灾预警技术中。

5.3.1 数据获取

1. 输电线路微气象监测装置气象数据

输电线路微气象监测装置是一套针对输电线路走廊局部气象监测而设计的产品。实现了对微气象区的温度、湿度、风速、风向、雨量、气压及日照（可选）信息的实时监测，并将这些环境信息通过 GPRS、CDMA、3G、光纤、卫星等方式传输至状态监测代理装置（CMA）及前沿观测站。针对沙漠地区环境条件，微气象监测装置加强对日照、风速、风向、雨量等因素的准确稳定监测。

装置主要由数据采集单元、数据运算处理单元、数据存储单元及通信单元组成。数据采集单元主要负责采集环境温度、湿度、风速、风向、雨量、气压、日照等气象参数；数据运算处理单元负责过滤干扰数据，计算平均值、极值及最大值等；数据存储单元负责对处理后有数据进行循环存储，以便用户查询；通信单元负责装置的数据发送及接收用户指令。结构简图如图 5-17 所示。

2. 国家级气象观测站数据

国家级气象观测站用于对大气温度、相对湿度、风向、风速、雨量、气压、太阳辐射、土壤温度、土壤湿度、能见度等众多气象要素进行全天候现场监测，由气象传感器、微电脑气象数据采集仪、电源系统、防辐射通风罩、全天候防护箱和气象观测支架、通信模块等部分构成，其示意图以及数据获取系统架构图如图 5-18 所示。

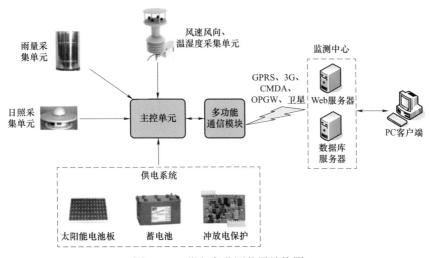

图 5-17　微气象监测装置结构图

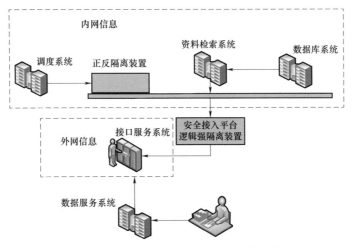

图 5-18　国家气象观测站数据获取系统结构图

国家级气象观测站数据是由中国气象局提供的，数据资料从中国气象局研发的国家级气象资料存储检索系统中提取，通过接口服务系统连接到资料检索系统中，再由数据服务系统按照研究需求提取研究的气象要素数据，支持按照时间段和时间间隔的检索方式，数据服务系统能够实现自动化检索选定区间内所有国家级气象观测站的功能、自动查找离最邻近观测站的功能，大大简化了数据提取步骤提高了数据提取效率。

5.3.2　基于多尺度数据融合的风害数值预报方法

基于中尺度和微尺度模型的天气预报模式（Weather Research and Forecasitng，WRF）降尺度方法总体流程分为三大部分，分别为中尺度模式部分、降尺度模式部分和数据处理部分。首先数据处理部分主要是指数据的观测数据的预处理，通过统计方法控制和处理自动气象站和微气象站的观测资料，并检验资料的完整性、合理性和趋势性。中尺度模式部分主要包括数据同化和中尺度模拟两个子部分，数据同化部分（WRF data Assimilation，WRFDA）将外部资料如国家两千个基本站观测资料加入中尺度模式运行过程中，对全球模式预报资料进行同化处理。WRF 部分还可以细分为模式区域设计和物理方案选择两部分，用以调节中尺度预报的结果。最后将预报结果进行后处理。在物理选择方案中，考虑了城市下垫面类型 3 种（SU0：不考虑城市下垫面类型，SU1：考虑单层城市下垫面，SU2：多层城市下垫面），大气边界层类型 4 种（PB1：YSU 方案边界层，PB2：Mellor-Yamada-Janjic TKE 方案，PB5：MYNN2.5 层 TKE 方案，PB7：ACM2 方案），地表类型 2 种（SF2：unified Noah 路面模型，SF3：RUC 路面模型），土壤类型 4 种（SC1：修正的 MM5Monin-Obukhov 方案，SC2：Monin-Obukhov 方案，SC5：MYNN 方案，SC7：Pleim-Xiu 方案）。还考虑了有无 noah_mp 陆面过程模块，该模块可选择多种陆气交换过程中的关键系数，利用了与湍流扩线相关的 3 种不同的拖拽系数（OP1：Monin-Obukhov 常数，OP2：原始 Noah 常数，OP3：MYJ 常数，OP4：YSU 常数）。降尺度部分主要是 CalMet 模型，它的输入数据包括地理信息数据、土地利用数据、地面气象数据和高空气象数据，其中地面气象数据来自经过质量控制处理的微气象站数据，而高空气象数据来自中尺度模式预报结果，这些数据共同进入降尺度模式，经过设定的研究区域和降尺度时间得到感兴趣时间和地区的降尺度诊断风场。最后再将降尺度诊断风场和中尺度预报风场分别与观测值做对比，见图 5-19。

1. 中尺度数值预报模式实现方案

中尺度模式采用美国环境中心（National Centars for Evtronmental Prediction，NCEP）、美国国家大气研究中心（National Center for Atmospheric Reserch，NCAR）等科研机构为中心开发的一种中尺度数值天气预报模式（Aduanced Research WRF，WRF-ARW）。WRF 模式为完全可压缩的非静力模式，水平网格采用

Arakawa-C 网格，垂直方向上采用地形追随坐标。WRF 模式提供单向或双向网格嵌套，可选择多种物理过程及参数化方案，主要包括：微物理过程、长波辐射、短波辐射、积云参数化、边界层方案、表面层和陆面过程方案等。它是目前在气象领域应用最广泛的中尺度天气预报模式。

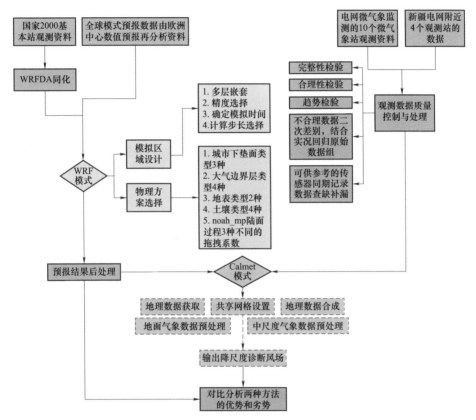

图 5-19　基于中尺度和微尺度模型的 WRF 模式降尺度方法研究流程图

2. 微尺度数值预报模式实现方案

在降尺度方案选择上，采用中尺度扩散模式 Calpuff 中的诊断模块 CalMet 对 WRF-ARW 预报结果进行降尺度精细化处理。CalMet 的核心部分是诊断风场和微气象场模块，它对 WRF 模式预测输出的气象要素进一步进行地形动力学、斜坡流、热力学阻塞等诊断分析，以发散最小化原理求解三维风场，微气象场模块根据湍流参数化方法计算湍流尺度参数描述边界层结构，最后输出逐时风场、混合层高度、大气稳定度以及各种微气象参数等。这些微气象学和流体力学方法的使用，使降尺度结果更加合理准确。把 WRF 模式输出数据通过 CalMet 动力降尺度方法进行诊断分析，考虑地形动力学和微气象湍流过程，最终结果将包含更多的微地形影响，对沙漠地区复杂地形地区风速预报的准确性提高有很大的帮助。

5.3.3 数值预报结果后处理

在预报数据后处理上，利用神经网络算法训练中尺度模式结果和 CalMet 动力降尺度结果，确定不同模拟网点与高度对应的权值，实现对预报进行即时降尺度地形修正。具体研究技术如下：

（1）数据提取：利用 WRF 后处理模块中的垂直插值模块对 WRF – ARW 的预报结果进行垂直插值到微气象观测装置所在的高度处。再利用反距离插值方法做空间插值

$$S_z = \frac{\sum k \frac{S_k}{r_k^2}}{\sum \frac{1}{r_k^2}}$$

式中：S_k 为模式预报数据；S_z 为得到的各微气象观测设备的数据；r_k 为预报位置与微气象观测站的距离；k 为所有感兴趣的要素，由此得到微气象观测站所在位置和高度的预报结果。

（2）降尺度数据后订正：将 CalMet 降尺度模型中得到的三维风速、温度、相对湿度、降水等高分辨率数据，与预报点观测数据一起，用机器学习方法，如 SVM 支持向量机模型等，做后订正，包括趋势订正、误差订正等。具体方法为利用 SVM 模型做观测与预测的回归分析，在回归分析基础上分析趋势变化是否一致，并计算均方跟误差、标准差等统计量，检查误差，不断调整 SVM 模型系数建立新的回归模型，找到误差最小的回归模型，从而降低观测与预测的误差。

（3）模型训练：降尺度后订正数据与上述中尺度模拟提取的数据一同放入训练模型中，两组结果作为原始数据输入神经网络数据挖掘模型中，通过参数调试、权值调试、得到关键预报点和气象预报的预报模型。

（4）结果订正：最后根据电网线路上的微气象观测站回传的数据对 CalMet 降尺度模型预报结果的进一步订正。

5.3.4　典型案例分析

1. 新疆 750kV 吐哈一、二线风偏故障概述

详见 3.1 叙述内容。

2. 输电线路故障点风速数据分析

详见 3.1.1 相关内容。

吐哈一线 296 号塔微气象在线监测数据见图 5－20。

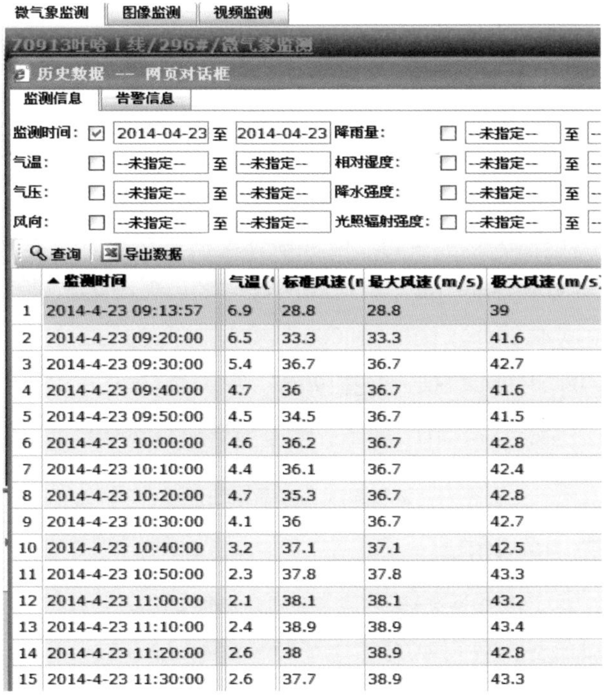

	▲监测时间	气温(	标准风速(m	最大风速(m/s)	极大风速(m/s)
1	2014-4-23 09:13:57	6.9	28.8	28.8	39
2	2014-4-23 09:20:00	6.5	33.3	33.3	41.6
3	2014-4-23 09:30:00	5.4	36.7	36.7	42.7
4	2014-4-23 09:40:00	4.7	36	36.7	41.6
5	2014-4-23 09:50:00	4.5	34.5	36.7	41.5
6	2014-4-23 10:00:00	4.6	36.2	36.7	42.8
7	2014-4-23 10:10:00	4.4	36.1	36.7	42.4
8	2014-4-23 10:20:00	4.7	35.3	36.7	42.8
9	2014-4-23 10:30:00	4.1	36	36.7	42.7
10	2014-4-23 10:40:00	3.2	37.1	37.1	42.5
11	2014-4-23 10:50:00	2.3	37.8	37.8	43.3
12	2014-4-23 11:00:00	2.1	38.1	38.1	43.2
13	2014-4-23 11:10:00	2.4	38.9	38.9	43.4
14	2014-4-23 11:20:00	2.6	38	38.9	42.8
15	2014-4-23 11:30:00	2.6	37.7	38.9	43.3

图 5－20　吐哈一线 296 号塔微气象在线监测数据

3. 典型案例区段数值预报结果分析

选取 2014 年 4 月 21 日 0 时至 25 日 23 时段大风灾害天气过程，对大风过程的模拟可知，本次电网沿线大风过程开始于 4 月 23 日白天，结束于 4 月 24 日凌晨，大风最大值出现在 23 日上午到中午这一时段，其中 365、385、399、472 号站的 10min 平均最大风速达到 20m/s 以上，296 号站甚至超过 30m/s 达到狂风级别。

利用中尺度数值模拟方法、WRF/CalMet 降尺度融合数值模拟方法来模拟预

报此次大风过程，并且比较两种方法的准确性，找到更有效的大风预报方法。由于这段时间研究区内发生了一次严重的寒潮大风天气过程，新疆电网吐哈一段和吐哈二段在 4 月 23 日均出现跳闸事故，造成了严重的经济损失。因此对这段时间的模拟研究对未来大风预报技术有一定的指示指导意义。

（1）案例分析所用资料。分析资料包括电网沿线微气象观测资料、国家基本站新疆地区资料、全球模式预报资料、土地利用数据以及地形数据，见表 5－4、表 5－5。其中，微气象数据来自电网微气象监测的 10 个微气象站，这些资料用于对比分析中尺度模拟预报结果和 WRF/CalMet 降尺度融合方法模拟结果的优劣。自动气象站数据来源于中国气象局研发的国家级气象资料存储检索系统资料。其中离电网线路较近的气象站包括哈密市哈密站、哈密市十三间房站、哈密市鄯善站、吐鲁番站四个站，将这些观测站资料用在 CalMet 模拟过程中，使得降尺度过程融入更多的地面观测资料；背景场资料来自美国国家环境预报中心（NCEP）/美国国家大气研究中心（NCAR），即前面提及的全球再分析资料 FNL，空间分辨率为 1°，时间分辨率为 6h；土地利用数据来自美国地质勘探局（USGS）的 GLCC 数据库中欧亚部分，精度 1000m，数据时间为 2000 年；地形数据来自 srtm.csi.cgiar.org 的 SRTM 数据，精度 90m，格式为 GeoTIFF。

红点：吐哈一线微气象站；紫点：吐哈二线微气象站；十字：自动气象站

表 5－4　　　　　　　　　　　微气象观测站基本信息

线路	编号	坐标	风速风向仪高度（m）	测风时间段
吐哈一线	030	N43.112°E89.458°	48	
	155	N43.088°E90.175°	66	
	296	N43.173°E90.978°	52	
	365	N43.169°E91.381°	51	
吐哈二线	385	N43.169°E91.506°	49	20140420～20140426
	399	N43.178°E91.590°	70	
	472	N43.143°E92.006°	34	
	544	N43.071°E92.427°	36	
	620	N43.124°E92.858°	35	
	719	N42.995°E93.338°	42	

表 5-5　　　　　　　　　　　　　　　国家气象站基本信息

站名	站号	坐标	测站高度（m）	测风时间段
十三间房	52495	N43.217°E91.733°	721.4	
鄯善	51581	N42.85°E90.233°	398.6	20140420～20140426
巴里坤	52101	N43.6°E93.05°	1679.4	

（2）数值预报模式模拟方案。在中尺度模式模拟中，物理方案选择上采用参数化方案集合预报的方法。由于 WRF 模式不同边界层参数化方案对不同情形大气的考虑有所不同，各种方案对不同类型、不同区域多个变量的模拟存在差异。首先结合两条输电线路上微气象观测站的历史观测数据，进行模式的设计方案的校验和参数化方案选择，通过对比观测数据和预报数据的统计结果，包括相关系数、均方根误差等选择模拟效果最好的参数化方案组合。对每个微气象站单独进行集合方案模拟预报。方案针对每个微气象站进行多任务集合预报，10 个微气象站一共 14 种参数化方案，即 14 个预报任务，140 个站点时间序列提取任务。在 14 种方案中，考虑了大气边界层类型 4 种（PB1：YSU 方案边界层；PB2：Mellor-Yamada-Janjic TKE 方案；PB5：MYNN2.5 层 TKE 方案；PB7：ACM2 方案），城市下垫面类型 3 种（SU0：不考虑城市下垫面类型；SU1：考虑单层城市下垫面；SU2：多层城市下垫面），地表类型 2 种（SF2：unified Noah 路面模型；SF3：RUC 路面模型），土壤类型 4 种（SC1：修正的 MM5Monin-Obukhov 方案；SC2：Monin-Obukhov 方案；SC5：MYNN 方案；SC7：Pleim-Xiu 方案）。还考虑了有无 noah_mp 陆面过程模块，该模块可选择多种陆气交换过程中的关键系数，考虑了与湍流扩线相关的 3 种不同的拖拽系数（OP1：Monin-Obukhov 常数；OP2：原始 Noah 常数；OP3：MYJ 常数；OP4：YSU 常数）。此外，方案名称中用 no0 和 no1 分别表示无 noah_mp 过程和有 noah_mp 过程。这些方案基本上涵盖了所有数值模式的可选参数化方案。其中边界层方案最为关键，它直接决定了边界层内大气运动遵从的物理规律，PB1 方案有明确的卷夹层且在不稳定层中湍流动能扩线呈抛物线状。PB2 方案为 ETA 层参数化方案，特点是一维诊断湍流动能结合局地垂直混合过程，PB5 方案的特点是可以预测次网格的湍流动能，PB7 的特点是假设边界层大气的不对称对流运动，即局地向下混合结合非局地向上混合过程。这些边界层方案都有自己侧重的优势，对于地形复杂地区各种

湍流运动过程都可能出现的情况下这些方案都有可行性。此外,在复杂地形下,不同的陆面过程、土壤类型对近地面天气过程有很大的影响。SF2 假设土壤温湿通量层有四层,且考虑陆面雪的比例和冻土物理过程,对新疆一些山地和高寒地区的模拟会更加合理,SU3 与 SU2 物理机制相似,但土壤温湿通量层增加到六层。因此两种方案对比可以反映出下垫面能量和水分传输过程的深度对近地面大气运动的影响。此外,虽然新疆地区城市下垫面复杂度较东部发达地区较小,但仍需加以考虑,因此有无城市下垫面、单层还是多层城市下垫面都要模拟,从模拟结果中反推出最优方案。

由表 5-6 参数化方案选择结果表明,尽管十个站点相隔很近,但是最优参数化方案并不完全一致:030、544 号站得到的最优方案为 SU1PB7SC7SF7no0NU2,155 号站的最优方案为 SU1PB5SC5NU6SF3,296 号站的最优方案为 SU1PB7SC7NU4SF2,719 号站的最优方案为 SU1PB1SC1NU6SF3,365、385、399、472 号站的最优方案为 SU1PB5SC2NU6SF3,620 站的最优方案为 SU1PB5SC1NU6SF3。这也说明了利用参数化集合预报的优势和必要。其中四个微气象站最优方案都为 SU1PB5SC2NU6SF3,如果不用集合预报的方法,可以选用该方案进行统一预报以节省时间和计算资源。

表 5-6 各微气象站最优方案选取结果表

微气象站编号	最优方案名称	平均误差	相关系数
030	SU1PB7SC7SF7no0NU2	1.689 004	0.489 064
155	SU1PB5SC5NU6SF3	2.654 931	0.543 326
296	SU1PB7SC7NU4SF2	4.065 386	0.676 176
719	SU1PB1SC1NU6SF3	2.072 327	0.462 699
544	SU1PB7SC7SF7no0NU2	2.354 298	0.308 254
365	SU1PB5SC2NU6SF3	3.262 691	0.639 623
385	SU1PB5SC2NU6SF3	5.363 964	0.286 543
399	SU1PB5SC2NU6SF3	3.611 419	0.727 915
472	SU1PB5SC2NU6SF3	5.834 655	0.414 252
620	SU1PB5SC1NU6SF3	1.327 692	0.910 592

在 CalMet 降尺度模拟中,由于模型网格点模拟区域不能大于 276km×276km,

因此将降尺度区域按照经度从小到大排序，按空间位置远近把观测站分成三部分分开模拟，第一部分把 296、365、385、399、472 号五个站一起模拟，其中选择中尺度模拟预报结果中绝对误差较大的三站的中心位置为中心，以 90.23°E，42.78°N 为左下网格起始点，降尺度网格距离设置为 1000m，X 方向网格数 231，Y 方向网格数 80。垂直高度 10 层，分别为 34、49、52、70、160、640、1200、2000、3000、4000m。第二部分把 030、155 号两站进行一起模拟，以 88°E，43°N 为左下网格起始点，降尺度网格距离设置为 1000m，X 方向网格数 80，Y 方向网格数 80。垂直高度 10 层，分别为 34、48、66、70、160、640、1200、2000、3000、4000m。第三部分把 544、719 号站一起模拟，以 92°E，42.5°N 为左下网格起始点，降尺度网格距离设置为 1000m，X 方向网格数 211，Y 方向网格数 176。垂直高度 10 层，分别为 36、42、66、70、160、640、1200、2000、3000、4000m。

分别将以上三个区域利用 CalMet 及其相关模块进行风速的降尺度诊断，最后采用最临近网格方式提取相应观测塔位置的降尺度风速诊断结果，并与观测数据进行对比分析，旨在考察对比 WRF/CalMet 融合方案与 WRF 单独模拟方案对风速预报的准确性。

在预报结果的提取方面，包括中尺度模式预报结果提取和 CalMet 降尺度模拟结果提取。对于前者，先确定微气象观测设备所在的高度，计算 10min 平均风速在微气象观测设备高度上的垂直差值得到这个高度上整层的风速场，然后再利用最邻近点法提取该高度上离微气象站最近的点的风速时间序列。对于后者，在设置 CalMet 共享网格时已经将前三个高度设置为感兴趣的微气象站所在高度，这里只需要利用最邻近点法获得相应经纬度上的风速时间序列即可。

（3）数值预报模式结果分析。图 5-21 为中尺度数值预报模式预报结果与观测数据的对比图。数值模式预报可以捕捉风速随时间变化的总趋势。其中模式对 30、155、296、365、719 号观测站模拟效果较好，能较好地模拟到大风开始和结束的时间，大风最大值的模拟与观测也较接近。模式对 385、399 号观测站位置的大风起止时间模拟有一定的滞后，但大风最大值与观测也比较接近。对 472 号观测站模拟效果欠佳，明显高估了大风最大值。此外，由表 5-6 统计发现模式对 620 号观测站模拟的相关性最高误差最小，但是该观测站提供的观测数据量过少而未通过完整性检验，无法给出客观评价，故在此不予讨论。

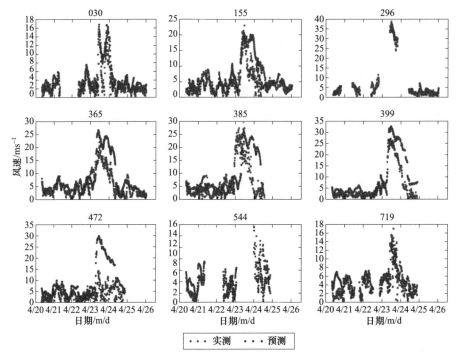

图 5-21 中尺度数值预报模式预报结果与观测数据对比图

图 5-22 为降尺度数值预报模式预报结果与观测数据的对比图。经过降尺度诊断的风速预报在模拟大风最大值时效果较好，最大值与观测值相差不大，其中 030、155、365、385、399、544、719 号站大风最大值都模拟出来了。296 号站大风最大值模拟偏低，472 号站在模拟的大风最大值比实际提前。总的来说，降尺度风速较好地捕捉风速随时间变化的总趋势，且没有过分高估大风数值的现象。

同时，对比分析中尺度和降尺度数值预报模式预报结果，由表 5-7 可知，155、296、365、385、399、472 号观测站在降尺度之后平均误差减小。其中，155 号观测站的绝对误差为 2.387 376，减小了 10.1%；296 号观测站的绝对误差为 3.635 110，减小了 10.6%；365 号观测站的误差为 2.627 213，减小了 19.5%；385 号观测站的绝对误差为 4.647 267，减小了 13.4%；399 号观测站的绝对误差为 2.191 520，减小了 39.3%；472 号观测站的绝对误差为 4.599 341，减小了 21.2%。030、544、385、472 号观测站的相关系数在降尺度之后增加了。其中，030 号相关系数为 0.605 334，增加了 23.8%；544 号相关系数为 0.647 313，增加了 1 倍；385 号相关系数为 0.369 514，增加了 30%；472 号相关系数为 0.563 354，增加了 36%。

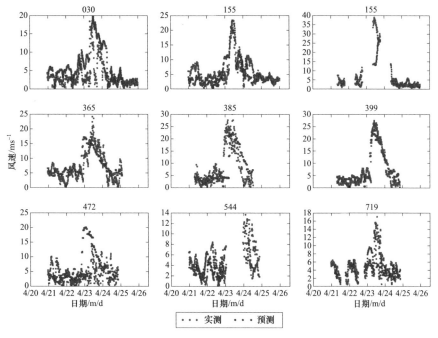

图 5-22　降尺度数值预报模式预报结果与观测数据的对比图

表 5-7　　　　　　　中尺度和降尺度数值预报模式预报结果对比表

项目	中尺度数值预报模式		降尺度数值预报模式	
微气象站站号	平均误差	相关系数	平均误差	相关系数
030	1.689 004	0.489 064	3.048 330	0.605 334
155	2.654 931	0.543 326	2.387 376	0.524 301
296	4.065 386	0.676 176	3.635 110	0.446 160
719	2.072 327	0.462 699	2.440 012	0.431 149
544	2.354 298	0.308 254	2.385 170	0.647 313
365	3.262 691	0.639 623	2.627 213	0.606 243
385	5.363 964	0.286 543	4.647 267	0.369 514
399	3.611 419	0.727 915	2.191 520	0.697 748
472	5.834 655	0.414 252	4.599 341	0.563 354

从平均误差来看，6 个站的平均误差都有所降低，特别是 385、399、472 号三个站风速趋势预报准确，大风最大值偏差降低很多。其中，399 号观测站的大风开始和结束的时间被很好地捕捉到。

从相关系数来看，4 个站的相关系数增加，且效果显著。虽然 544 降尺度之后平均误差增加，但 544 号相关系数提高到了 0.647 313，说明风速趋势模拟的比较准确，但是在绝对值上模拟欠佳。030 号站相关系数显著增加，但误差也增加较大，主要原因是其所在的纬度位于降尺度模拟网格的边缘，模拟效果受到影响。

719 号站误差有所增加且相关系数相对减小，最大风速在降尺度过程中未能模拟出来。

特别选取中尺度模拟预报结果中绝对误差较大的三个观测塔进行分析。如图 5-23 所示，经过降尺度诊断的风速预报的绝对误差都有明显减小：385 号观测站的绝对误差为 4.647 267，相关系数为 0.369 514；399 号观测站的绝对误差为 2.191 520，相关系数为 0.697 748；472 号观测站的绝对误差为 4.599 341，相关系数为 0.563 354。三个站风速趋势预报准确，大风最大值偏差较小。其中，399 号观测站的大风开始和结束的时间被很好地捕捉。

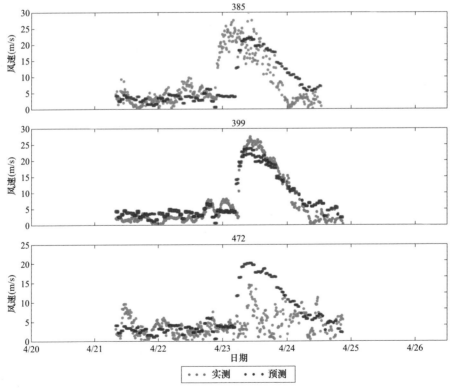

图 5-23　CalMet 降尺度得到的风速与观测风速对比图

从中尺度模拟与降尺度结果对比看出，WRF 单独预报能较好地模拟最大风速小于 20m/s 的各站，但是由于中尺度的精度限制，对局地低值区有过高估计，比如 472 号观测站，该观测站的观测数据明显达不到大风级别，但是数值模拟依然给出过高预测，当融合 CalMet 降尺度过程后，模拟结果有非常明显的改善。此外，经过降尺度诊断的三个站预报绝对误差都有所减小，385 号观测站大风起止预报时间滞后的现象有所改善，399 号观测站大风起止时间预报的滞后问题得到解决，472 号观测站大风最大值预测过高的问题得到解决。

总体上说，无论是统计上、大风起止时间上、大风最大值上，利用 WRF/CalMet 融合方案都得到了很好的解决。可见 CalMet 降尺度在 WRF 的基础上大大地提高了预报准确性。WRF/CalMet 融合方案能够更好地捕捉局地效应、模拟复杂地形风速变化，预报更准确。

另外，中尺度模拟与降尺度结果对比也发现，030、155、719 号几个站点，WRF/CalMet 融合方案没有明显提高模拟效果，155 号站虽然相关系数增加，但是误差也增大。这主要由于模拟点在降尺度模拟网格的边缘，效果不理想，如果有更大范围的地形数据，能将这几个点至于网格中心位置，效果应该会有提高。WRF/CalMet 融合方案能够更好地捕捉局地效应、模拟复杂地形风速变化，预报更准确。

综上所示，经过降尺度诊断的风速预报的绝对误差都有明显减小。利用降尺度方法以后，三个站风速趋势预报更准确，大风最大值偏差减小，观测塔的大风开始和结束的时间都被很好地捕捉。另外，研究表明，如果能够获得更高分辨率的土地利用数据，进一步降低空间插值带来的误差，从理论上来讲，风速诊断准确性会得到进一步提高。

研究显示，WRF/CalMet 融合预报方案能够有效修正数值模式预报的误差，对大风出现和结束的时间预报更为准确。融合预报方法既能考虑大尺度、中尺度和微尺度上的动力学过程，又能最大程度上体现局部地形影响，更好地进行复杂地形的大风预测，对于复杂地形地区大风风灾预测、预警、分析有重要的指导意义和实践价值。

应 急 抢 修

新疆地区出现灾害性大风和特强沙尘暴天气概率较大，风口风力超过 12 级，瞬间最大风速达到 51m/s（16 级大风）时有发生，导致高压线路跳闸、电网解列运行等事故。2014 年新疆阿克苏地区大部出现了大风天气过程，其中温宿县、库车县、新和县风力达到 6～7 级，风口达到 9～10 级，最小能见度为 100～700m。大风沙尘天气，导致阿克苏电网多地出现线路跳闸、倒杆、断杆、断线事故。需要高效开展紧急抢修，尽量缩短抢修时间，提高服务水平。Q/GDW 1202《国家电网公司应急指挥中心建设规范》对应急指挥中心基础支撑系统进行了规范，如通信和网络、综合布线系统等，还对业务应用系统功能进行了规范，包括应急抢修辅助决策、抢修资源信息接入、管理等功能，具备抢修车、应急发电车等特种车辆信息接入，方便进行抢修时进行资源调配。

6.1 应 急 决 策

随着经济发展，人类对于电能的依赖也逐渐增强，目前电网安全已经成为社会公共安全的核心内容之一，一旦发生大停电事件，将会给当地的居民生活和社会生产造成极大的负面影响。

电网的安全稳定依赖于输变电设备的可靠运行，保障输电线路的可靠运行需要及时掌握其真实的运行状态，而输电线路的运行状态又会跟随其运行环境发生变化，运行环境包括天气条件和地理位置，为了能及时掌握输电线路的运行环境，需要依靠已有信息化系统，综合利用输电线路三维仿真技术、大数据应用技术、和面向电网的精细化气象预警技术，构建新疆电网气象监测预警与大数据中心，进行新疆电网强风、沙尘典型灾害下线路缺陷与故障的大数据分析，开展基于运检大数据技术的输电线路设计校验，逐步提高运检智能化管控水平。

而电网应急指挥系统（简称应急系统），是集成多源信息、整合应急力量、综合评估风险并指挥应急过程的应急管理系统，可应对电网突发事件，实现快速响应及处理，保障电网安全。大数据中心能为应急指挥中心提供数据、辅助决策支撑。

6.1.1 软件架构

应急系统的软件架构如图 6-1 所示，分为基础设施层、数据源层、数据接口层、数据层、业务层和用户层。该结构中，多源数据整合在一个数据平台上，方便应急指挥人员统一查看、调度，排除了因数据缺失带来的决策失误。

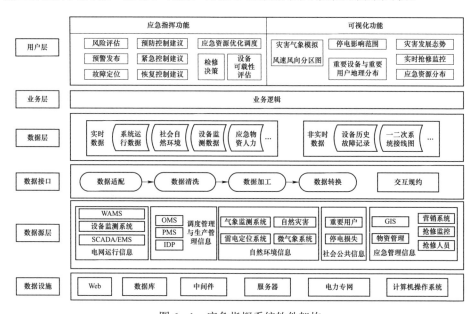

图 6-1 应急指挥系统软件架构

基础设施层采用云计算技术提供基础设施支撑，通过虚拟化技术，将分布的计算机及网络资源统一分配给应用服务，具有高可靠性、高扩展性、按需服务的优势，极大减少了硬件和维护费用。包含 Web、计算机、中间件、数据库、服务器及电力专网等软硬件基础，是应急系统所需数据资源的载体。

数据源层为应急系统接入所需数据来源，主要分为电网信息接入、抢修资源信息接入、外部信息接入。电网信息接入包括电网运行信息（EMS/SCADA、WAMS、设备在线监测系统等）、调度管理与生产管理信息（OMS、PMS等）、雷电定位系统等、公共气象数据、气象云图等。抢修资源信息接入包括应急物资仓库、应急物资、应急队伍、指挥车、抢修车等特种车辆GPS信息及北斗定位信息等。外部信息接入主要包括自然环境信息（天气预报等基本气象信息、卫星云图、气象灾害等）、社会公共信息（重要用户与停电损失）。

数据接口层根据数据的结构特征与时限特征设计开发适配器，基于交互规约及行业标准对其进行数据清洗、数据转换、数据加工处理，并分类为实时与非实时数据进而存入数据层中。

数据层存储了经数据接口处理得到的各种实时与非实时数据。其中，实时数据会随着时间不断滚动更新，而非实时数据则随着时间累积而不断增加，为系统功能的实现提供信息与数据支撑。采用分布式文件系统、分布式数据库系统等云计算技术及大数据分析工具，作为大数据存储和处理的基础平台与技术支撑。

业务层是整个应急系统的运作核心，通过整合数据层的信息资源，向用户提供多种应急指挥功能与可视化功能。用户可获取包括风险评估、预警发布、故障定位、控制措施、设备可载性评估和应急资源优化调度等在内的应急指挥功能，包括重要用户、重要设备的排序和地理分布、灾害的发展趋势预测、停电影响范围、实时抢修监控和应急资源分布等的可视化功能。

6.1.2 系统功能

应急指挥中具有为电力应急指挥提供全方位信息技术支撑的应用系统，应用系统应服务于电力突发事件的预防与应急准备、监测与预警、应急处置与救援、事后恢复与重建四个阶段，具有日常工作管理、预案管理、预警管理、应急值班、应急资源调配与监控、辅助应急指挥、预测预警、应急培训、演练及评估管理等功能。

其中辅助应急指挥具备分类分级应急启动、监测功能、灾害对电力系统造成损害或影响的辅助评估、研判功能等，主要包括：

（1）风险评估与预警发布。针对恶劣天气条件导致的线路故障预警，如大风、沙尘暴等，利用大数据中心气象与输电线路故障关联映射关系，建立典型气象条件下输变电设备故障概率模型；根据线路周围气象条件动态变化趋势，分析设备故障原因、故障概率、故障时段，评估输电线路运行风险，结合各个输电线路的可靠性，及时向调度人员发布预警信息，指导预防控制。

（2）电网薄弱点辨识。电网薄弱点针对的是电网中的输变电设备。综合输变电设备运行工况、在线监测数据、试验数据、历史故障检修记录、家族因素及外部环境情况等，利用故障停运模型与实时电网模型计算分析各台设备的停运风险，获取电网薄弱点排序。

（3）故障识别定位。围绕开关动作信号、保护动作等二次信息，结合现场反馈信息、95598 热线反馈、4G 视频以及其他信息渠道，首先对大量报警信息进行分析，辨识扰动信号成因为事故信号、人为失误或软件错误。若实际存在事故，则确定其发生地点并快速评估影响范围。

（4）设备可载性评估。设备可载性即设备在给定工况下的带负载能力。某些紧急情况下需要输变电设备超铭牌运行以保证对重要用户供电，因此需要对该操作的可靠性以及风险因素进行评估，并进行经济性校验，确保过载运行的可行性。同时，可载性评估结果可为各类控制措施提供决策依据。

（5）沙尘区域的输变电设备运维决策。根据新疆强风沙尘灾害的时空分布特征，以及新疆电网的故障时空分布特征，基于可靠性理论对强风沙尘区域内的输变电设备何时维修、待修设备集、维修顺序等运维决策进行优化，提高维修决策的针对性，保障输变电设备安全可靠运行。

（6）可视化技术。将微气象监测、雷电定位、六防图、统一视频平台、PMS和公共气象服务机构的气象数据等异构数据关联融合，建立基于新疆电网 GIS 图的气象环境监控、预警、预报，气象预警与大数据可视化平台。在二维可视化的基础上，构建三维可视化，依托物联网、移动互联应用，实现多维度、多平台（大屏、桌面及移动终端）的可视化，运用虚拟现实等前沿技术，实现灾害气象模拟、线路故障仿真与回溯、数值风洞模拟实验等高级可视化应用技术。采用计算流体力学仿真、风洞试验及实际观测气象数据等方法实现新疆地区输电线路走廊的风速时空分布模型，实现新疆地区关键地区的风速风向分区图。

应急资源管理实现应急资源分布、异动、调度等查询统计分析等功能。应急资源包括抢修人员、应急物资以及工程抢修车辆等，其储备与分布情况是突发事件来临时应急指挥决策的重要影响因素。正常运行状态下，综合考虑高位风险区域、电网薄弱点等因素，在相应地点预置应急物资和人力，确保应急资源能在较短时间内抵达事故点。

6.1.3　通信设计

基于公共网络、电力专网及其他无线移动网，利用光纤通信、卫星通信、数字微波通信、图像通信、数据库、空间信息、GPS 等技术构建应急系统的多渠道通信系统（见图 6－2）。在电力专用通信网及公用网无法提供服务时，保证语音、视频及数据业务的可靠传输。

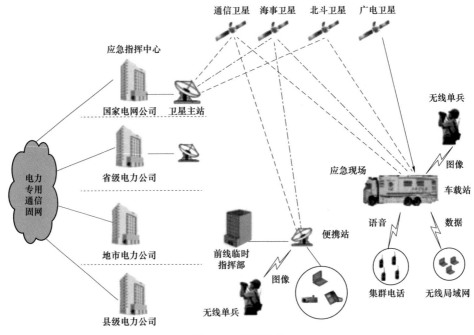

图 6－2　通信结构

应急指挥中心网络应部署在信息内网，并规划独立外网和专用计算机实现外部信息接入，做到物理隔离。电网调度实时信息通过调度数据网传输。所有信息的接入与安全防护按照国家电力监管委员会颁布的《电力二次系统安全防护总体方案》（电监安全〔2006〕34 号）和国家电网公司相关规定执行。

6.2　抢　修　设　备

6.2.1　移动变电站

车载移动式变电站是指一种将高压开关设备、变压器、中压开关设备、保护测控计量设备、设备舱体等集成起来，安装在机动车体上，实现从高压系统向低压系统输送电能的、可移动的，具有整套变电站功能的成套设备。

移动变电站有占地面积小、机动灵活、无须建设审批、可快速投运等特点。它的出现为更加快速地应对突发供电事故、解决供电问题提供了可能。当电网遭大风、沙尘暴自然灾害时，导致变电站内出线避雷器倒塌或其他电气设备故障时，在短时间之内难以修复时，可以利用移动变电站出色的响应能力来代常规变电站，恢复电力供应，这样可以最大限度地保证用户用电需要，也可以为原有变电站设备的维修或维护过程赢得更多的时间，减少经济损失，提高服务水平。

1. 移动变电站组成

整个系统采用模块化的设计方案，将 110kV 变电站各个部分功能进行了模块化设计，兼顾小型化紧凑型的设计思想方便运输。各个模块既可以单独使用，也可以根据电网需求灵活组合形成多种供电解决方案。全部设备能持久耐用，满足在实际运行工况下作为一个完整产品一般应能满足的全部要求。高压设备重量轻结构紧凑，重量与外形尺寸符合公路超限运输管理规定，合理优化设备参数，减少重量，减小体积；所有的设备便于安装、拆卸和检查。移动变电站的载体车身采用优质钢材，选用先进的技术，通过严格生产制造而成。

以武汉南瑞生产的 110kV 移动变电站（WHNR－MSS－110）为例，该移动变电站由 110kV 变电车和 10kV 配电车组成。110kV 变电车集成了 110kV 避雷器、HGIS、主变压器以及箱式总路开关站等电力设备，尺寸（长×宽×高）一般小于 17 000mm×3000mm×4500mm，其电气主接线及实物如图 6－3、图 6－4 所示。10kV 配电车集成了 10kV 开关柜、交直流系统、综自保护系统、电缆绞盘等，尺寸（长×宽×高）一般小于 10 000mm×2500mm×4500mm，电气主接线及实物如图 6－5、图 6－6 所示。

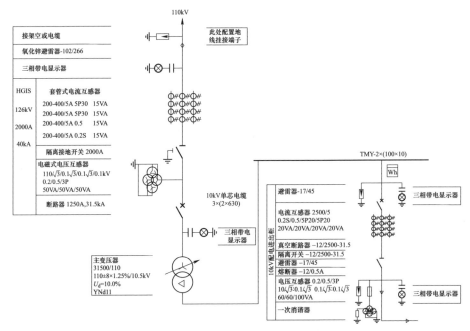

图 6-3　移动变电车典型接线图

图 6-4　变电车实物图

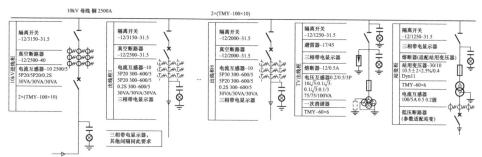

图6-5 配电车典型主接线图

图6-6 配电车实物图

为了让变电车和配电车可以单独使用，两车全部配置了独立的交直流一体化电源系统，变电车配置了完备的变压器保护系统作为轮换变使用，10kV 出线保护采用保测一体装置安装到 10kV 开关柜上，因此配电车可以作为独立的 10kV 电源使用。变电车和配电车内部接线在厂内完成，现场需要连接两车之间的电缆和光纤，如图6-7所示。

整个系统满足智能化变电站建设要求，采用61850 通信规约，采用智能终端、合并单元有效减少二次电缆的数量，两车之间定义了标准的通信接口，采用标准的接插件，通过两个电缆（交流和直流电缆）和一根光缆（通信光缆）连接，方便快捷搭建二次系统，如图6-8所示。

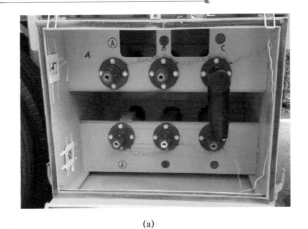

(a)   (b)

(c)   (d)

图6-7　变电车（左）与配电车（右）的一次连接

（a）出线接口；（b）插拔头；（c）变电车出线电缆；（d）配电车进线电缆及负荷出线

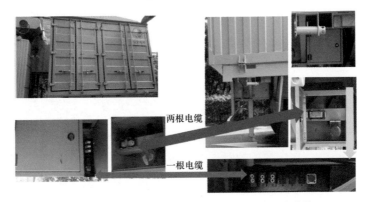

图6-8　变电车（左）与配电车（右）的二次连接

2. 移动变电站应用场景

各功能模块的组合应用如下：

（1）代替整座变电站。选用 1 号变电车和 2 号配电车，组合为车载式移动变电站，代替整座变电站。整个系统采用 1 回 110kV 进线；1 台无载调压变压器，容量为 20MVA；10kV 单母线接线，1 回进线，4 回出线，1 台站用变压器，1 台 10kV 电压互感器，如图 6－9 所示。

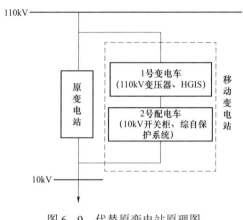

图 6－9　代替原变电站原理图

（2）代替开闭所。选用 2 号配电车，代替 10kV 开闭所，如图 6－10 所示。

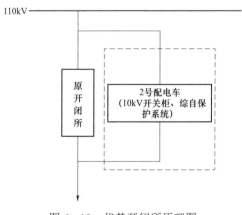

图 6－10　代替开闭所原理图

（3）代替原变电站变压器。选用 1 号变电车，可代替原变电站变压器，如图 6－11 所示。

沙漠地区电力设备风害故障诊断技术

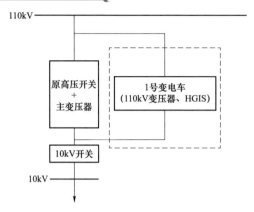

图 6-11 代替原变电站变压器原理图

3. 移动变电站在变电站检修中的应用

移动变电站因体积、长度、重量的限制，对道路运输、使用环境等提出了一些要求。尤其是一些市内的变电站，由于位于市中心，变电站集约型设计占地面积较小，广泛用于变电站、开闭所的检修。

（1）变电站基本情况。以某110kV户外站为例进行应用，在原变电站容量不够的情况下移动变电站的使用方案。该变电站有三台主变压器，一台50MVA，两台25MVA，直接从架空线路取电。变电站的示意图如图6-12所示。

1）主变压器参数见表6-1。

表6-1 变电站变压器参数

序号	变压器容量	额定电压	联结组别	冷却方式
1	50MVA	110±8×1.25%/10.5kV	YNd11	ONAN
2	25MVA	110±8×1.25%/10.5kV	YNd11	ONAF
3	25MVA	110±8×1.25%/10.5kV	YNd11	ONAF

2）变电站内部情况。整个变电站长约45m，宽约35m。门宽为4m，站内路宽为3.6m，基本能够满足移动变电站对宽度的要求（移动变电站宽为3m）。但整个变电站布置的比较紧，站内与门口连通的道路宽为3.6m，长为35m，主变压器分布依次为1号主变压器（50MVA），2号主变压器（25MVA），3号主变压器（25MVA），没有有效的空间用于布置和摆放移动变电站。

176

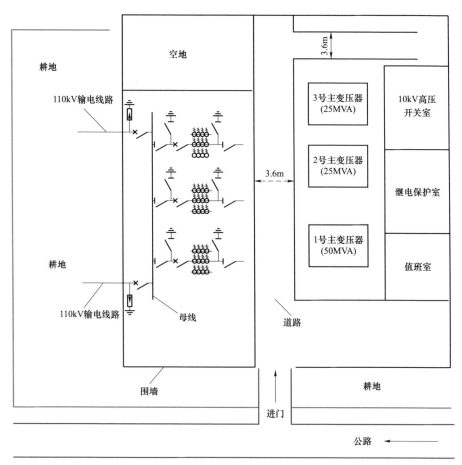

图 6−12　某 110kV 户外站布置

3）变电站附近的道路及周边环境情况。进站的门口大路为一条与变电站平行的四级公路，宽约 4m，站门口道路与四级公路垂直交叉，站门口道路约为 35m，宽约 3.5m，此路面高度略低于四级公路，如图 6−12 所示。如果移动变电车要进入站内，道路的转弯半径不满足运输车组通行要求，1 号变电车的转弯半径为 15m，需要的道路内圆弧半径为 12.5m（车宽 3m，安全距离 0.5m）。因此移动变电车无法进入变电站内部，只能安放在变电站附近。

本站的进线为架空进线，从变电站墙外输电线路引入两路 110kV 架空进线。变电站墙外的架空线路下方是一些耕地，耕地的高度低于变电站高度，可以在变电站外部这片耕地平整土地、铺设地面基础的方式使其满足移动变电站的使用要求。

（2）变电站检修时负荷转带。变电站检修时，为了保证重要用户不停电，采用移动变电站进行负荷转带，如图 6-13 所示。

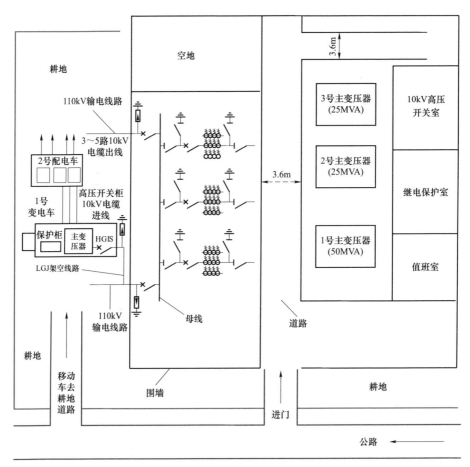

图 6-13　移动变电站应用于变电站检修

具体实施方法如下：

1）110kV 端进线。110kV 端进线采用架空进线，如图 6-14 所示。

110kV 端进线采用架空进线，利用变电站内部已有的终端杆塔，采用钢芯铝绞线，选择接续金具连接架空线路与变电车 HGIS。

图 6-14   110kV 架空进线

2）接地。

a. 主变压器的中性点接地。主变压器的中性点接地，一般不允许破坏已有的变压器的中性点接地，根据城西变电站的实际情况，可以将移动变电站主变压器中性点接到变电站进线的避雷器接地处，从而接到原有变电站的地网。

b. 整车的等电位连接措施及保护接地。

a）1 号变电车整车的等电位连接措施及保护接地。当出现短路故障时，会生产跨步电压和接触电压，由于车体的体积小，只考虑人身接触电压，为了保证人身安全，1 号变电车整车要做等电位连接措施，车上的各种设备和变压器外壳都有接地，如图 6-15 所示。

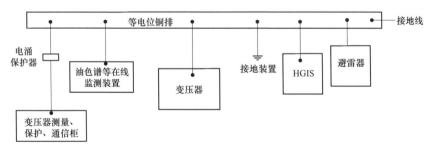

图 6-15   1 号变电车整车设备接地图

b）2 号配电车整车的等电位连接措施及保护接地。与 1 号变电车等电位连接措施及保护接地原理一致，2 号也需要做等电位连接措施和保护接地，如图 6-16 所示。

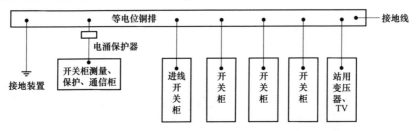

图 6-16　2 号变电车整车设备接地图

c. 1 号变电车和 2 号配电车的等电位连接。为了防止 1 号变电车和 2 号配电车外露可导电部分出现危险，危及人身安全或引起，使 1 号变电车和 2 号配电车构成等电位。均衡电位而降低接触电压，消除因电位差而引起的电击危险，如图 6-17 所示。

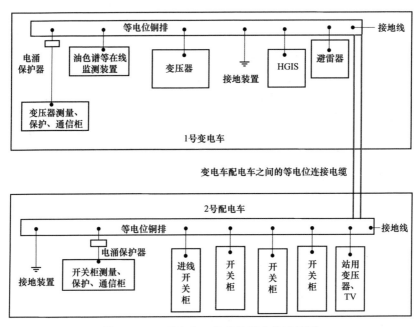

图 6-17　1 号车和 2 号车的等电位连接图

3）防雷接地。由于 1 号变电车既属于变电设备，又属于临时建筑，接地可以参考 GB/T 50065—2011《交流电气装置的接地设计规范》和 GB 50057—2010《建筑物防雷设计规范》，城西站的四周本身各有一个避雷针，1 号变电车在避雷针的保护范围内，另外，1 号变电车 110kV 进线通过避雷器接入。

4）1 号变电车与 2 号配电车的电缆连接。1 号变电车主变压器 10kV 侧与 2 号配电车用电缆连接，考虑到运输的方便，电缆采用电缆绞盘收放，选用的电缆类型为乙丙橡胶柔性电力电缆，电缆的型号以及电缆附件见表 6－2。

表 6－2   电缆及其中电费

序号	名 称	参 数
1	电缆类型	乙丙橡胶柔性电力电缆
2	电缆附件类型（变压器侧与母排侧）	10kV 一般户外式电缆终端头
3	电缆附件类型（开关柜侧与母排侧）	100mm×10mm 铜排
4	电缆绞盘收放方式	电动绞盘

5）2 号配电车出线电缆与 10kV 架空出线的连接。配电车出线电缆与架空线路连接有两种方式：

a. 配电车出线电缆与站内开关柜出线电缆相连。

b. 配电车出线电缆直接与 10kV 架空线相连。

2 号配电车高压开关柜出线电缆，电缆采用柔性电缆，不带铠装，电缆截面均选用 $1×150mm^2$。10kV 电缆选用多根并用，电缆段长 50m，配插拔式中间接头。

6.2.2 抢修塔

多年来，灾害性的大风一直威胁着新疆电网输电线路的安全运行，因强风和沙尘暴造成的输电线路倒杆塔、断线、风偏、污闪、绝缘子脱串和金具断裂等事故时有发生。新疆是重要的电力能源输出地，保障输电线路的安全对新疆的电力向疆外输送具有极其重要的地位。一旦倒塔，特别是基础损坏，按原设计标准抢修耗时较长，严重影响地区用电状况和电能输出，目前很多电力公司采用抢修塔进行快速恢复送电，然后再进行永久修复，是一种很好的解决方案。

目前使用的抢修塔的材质主要为环氧树脂绝缘管材以及实心棒，这种管材在我国生产使用工艺已相对成熟、质量稳定。该管材的主要特点有：

（1）材质轻：密度为 $2.0g/cm^2$。真正实现了快速抢修，4m 杆为一段，每段 65kg，可两人山区抬运；安装时，无论是冲天拔杆单吊、倒组或整体起立，都很轻便，24m 双杆门型杆塔总重量 1900kg。

（2）机械强度高：抗拉强度 6000～8000kg/cm²；临界压力折减系数高。由中国电力科学研究院和西安建筑科技大学结构与抗震实验室分别对其 110、220、500kV 抢修塔的主材、附材进行荷载试验时，全部通过 90°大风工况、100% 设计荷载检测。试验得出其强度高于铝合金杆塔主材 120%，附材 110%的目前线路运行塔材的设计标准。

（3）材质为环氧树脂，化学性能稳定，抗腐蚀，耐酸、碱、油污。

（4）设计结构模块化，所有主、附材结点黏结配合螺栓，其强度已经相似于整体浇铸成型，受力性能良好，且不会产生误差集中引起的初偏心。

（5）采用绝缘横担，没有了悬垂、耐张瓷瓶的竖直高度，与呼高相同，令抢修塔比原线路杆塔降低 2m，挂点形式通用于国标线路金具，有效实现抢修。尤其目前也可应用该绝缘横担于我部线路跨越树木、施工工地等距离不够的地区，既可临时应用，也可作为科研项目试点运行。

（6）通用性能好，功能齐全。220kV 的 24m 门型杆组成 220kV 不同高度单杆上字形；35～110kV 双杆、上字形单杆必要时，由于满足电气要求，可不用横担，直接挂杆柱上短期运行。至于 10～35kV，由于其系统为中性点非接地系统，完全可以实现无横担，线路直接挂杆完成线路绝缘，保证线路运行。

（7）抢修塔基础简易，无须大型机具开挖，基础大小以及固定形式基本适用于任何地形地貌。

目前，已经在电力架空线路中投入使用的绝缘抢修塔的运行状况良好。多个省份的电力企业备存了该类型的抢修塔以应对突发的紧急情况，甚至已经将该全绝缘抢修塔设为电网系统的抢险储备物资。

抢修塔一般包括底座、下段、中间段、横担及通用件等组成，见表6-3。

表6-3　　　　　　　　　抢修塔组部件

序号	名称	图纸
1	下段（带锥度）	
2	中间段（两头法兰）	

续表

序号	名称	图　纸
3	地线支架（带锥度）	
4	外横担头（带锥度）	
5	横担连接段 （两头内法兰）	
6	四通法兰	
7	底座	
8	斜拉杆	

　　通过以上部件可以组合成交流直线塔、交流双回路塔、交流耐张转角塔、交流紧凑型塔和直流线路塔的抢修，也适合抢修大截面导线的线路。能覆盖超高压所辖主要线路，节约存储空间和投资。组塔示例见表 6－4。

表6-4   组 塔 示 例

交流单回路型（直线和转角耐张通用）结构图	设计参数及技术条件		
	塔总高	39m	
	呼称高	33m	
	风速	$v=30\text{m/s}$	
	地线型号	GJ-80	
	导线型号	LGJ-400	LGJ-300	LGJ-720
	水平档距	$L_\text{H}=450\text{m}$	$L_\text{H}=550\text{m}$	$L_\text{H}=300\text{m}$
	垂直档距	$L_\text{V}=650\text{m}$	$L_\text{V}=750\text{m}$	$L_\text{V}=450\text{m}$
	覆冰	5mm	
	安全系数	$n=2.5$	
	拉线	2层（设外八字或 X 拉线）	
	绝缘子串	I 串和 V 型	
	横担	设计有可打开结构	
	基础	拼装组合式底座	
	拉线地锚	2.0m×1.0m×0.25m（埋深大于3m）	

6.2.3 移动箱变车

移动箱变车主要由底盘车、车厢、10kV 环网柜、干式变压器、低压柜、高压电缆及连接器、低压电缆及连接器、液压支撑系统、电缆固定及收放系统、灭火系统等组成。

如果线路需要检修或有故障需要抢修或需要更换设备等，可用旁路电缆系统在现场组装足够长度的临时旁路供电线路，跨接检修或故障线路段，以移动箱变车的车载高压柜作为配电线路断联点，组合成旁路电缆不停电作业系统，具体如图 6-18～图 6-20 所示。

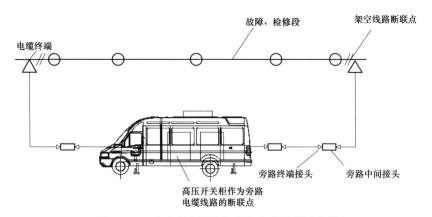

图6-18 移动变电站旁路带电作业使用示意图

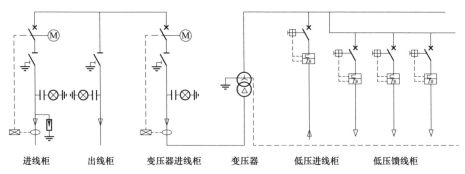

图6-19 典型的电气主接线图

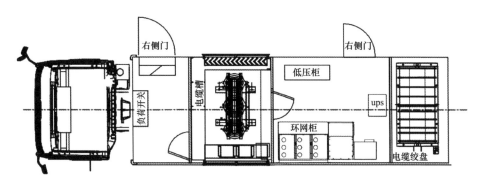

图6-20 移动箱变车布局图

6.2.4 移动发电车

移动发电车可以先把要检修的线路或设备从电网隔离出来,再使用发电车对由此造成的停电客户供电，但不允许直接把发电车接入运行中的电网，避免造成环流和倒送电，引起事故。

移动发电车（见图 6−21）主要由 10.5kV 中压柴油发电机组、TV 柜、高压开关柜、负荷开关柜、国Ⅴ承载底盘、静音车厢、中压电缆、降噪材料、液压电缆盘、液压支撑系统、2200L 油箱（满足常用功率 8h 运行）、2kg 干粉灭火器 4 个等辅助设备。发电车车厢采用了先进的进、排气消声装置和隔声厢体，使机组周围的噪声得到有效的控制；良好的通风条件，解决了车厢内的温升，能够完全满足设备各元器件对工作环境温度的要求。机组的辅助设备、电气及控制系统全部放置在车厢内，实现了设备、控制设备的高度集成，便以操作和检修。

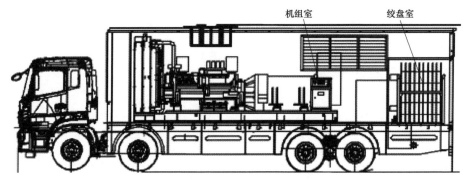

图 6−21　移动发电车

6.2.5　绝缘斗臂车

绝缘斗臂车是具有绝缘高架装置与其运载工具和有关设备，用来提运工作人员和使用器材在配电网开展带电作业的特种车辆。自 20 世纪 30 年代在欧美国家开始研制，50 年代以后得到广泛应用。采用绝缘斗臂车进行带电作业，具有升空便利、机动性强、作业范围大、机械强度高、绝缘性能好等优点，在配电带电作业中得到广泛应用。

我国的绝缘斗臂车已经有 40 余年的应用历史，由原来的作业高度低、半径小、操作不方便逐步发展到作业半径和高度加大，操作简便可靠的阶段。

目前国内采用绝缘斗臂车作业不仅可以开展带电立撤杆、带电断接火等工程类作业，也可应用于带电（带负荷）更换开关、跌落式熔断器、隔离开关、绝缘子等抢修消缺类作业。部分发达城市还通过与旁路柔性电缆相结合，开展带负荷更换变压器、临时取电等综合配电不停电作业。

绝缘斗臂车在臂和工作斗的材料上采用玻璃纤维增强型环氧树脂材料，在关键液压管路上使用环氧树脂软管，整车绝缘性能好。绝缘斗臂车的工作斗一般额定载荷在 250kg 左右，带电作业的有效高度分为 12、14、16、18、22、26m 等最大作业半径在 12m 左右。绝缘斗臂车按伸展结构的类型可分为伸缩臂式、折叠臂式、混合式（折叠＋上臂伸缩）3 种，如图 6-22 所示。

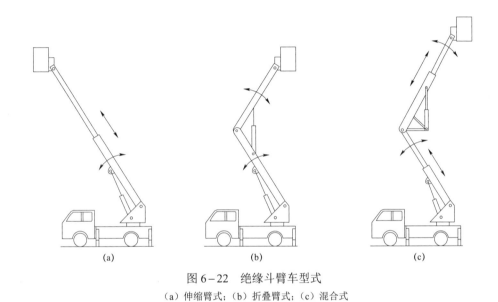

图 6-22 绝缘斗臂车型式
（a）伸缩臂式；（b）折叠臂式；（c）混合式

由于折叠式的绝缘斗臂车体积过大，使用的灵活性较差，已逐步被淘汰。目前国内绝缘斗臂车主要有直伸式和混合（折叠＋伸缩）式。两种实现方式各有优缺点，直伸式绝缘斗臂车在升降过程及底盘旋转过程中，所需要的空间小，在城区配电网或稍复杂的配电带电作业中，直伸式绝缘斗臂车灵活性优势比较明显，效率高、接近目标快，日式绝缘斗臂车多采用此类绝缘臂。而混合式绝缘斗臂车体积较大，在升降过程及底盘旋转过程中，所需要的空间大，在城区稍复杂的配电带电作业、作业空间较小的区域。混合式绝缘斗臂车适应性较差，但在有些需要跨越障碍物作业的场合，其具有一定的优越性，美式绝缘斗臂车多采用此类绝缘臂。

参 考 文 献

[1] 邓鹤鸣，李勇杰，蔡炜，等.沙漠区域输电问题研究现状及展望 [J]. 高电压技术，2017，42（6）：1848－1854.

[2] 邓鹤鸣，李勇杰，王建，等. 同塔多回线路绝缘子机械性能试验及试验过程的电气性能评估 [J]. 中南民族大学学报（自然科学版），2017，36（3）：74－79.

[3] 赵建平，邓鹤鸣，张伟，等. 线路金具沙粒磨损模拟试验：试验设置与电晕分析 [J]. 高电压技术，2018，44（9）：2904－2910.

[4] 邓鹤鸣，蔡炜，张伟，等.线路金具沙粒磨损模拟试验：机械性能与微观分析 [J]. 高电压技术，2018，44（12）：3920－3928.

[5] Deng H，Cai Wei，Song Y，et al. Fiber Bragg grating monitors for thermal and stress of the composite insulators in transmission lines [J]. Global Energy Interconnection，2018，1（4）：380－387.

[6] 梁伟，李勇杰，王建，等. 基于改进型 QSPM 矩阵的线路连结金具寿命评估方法 [J]. 电瓷避雷器，2017，140（3）：187－192.

[7] 朱弘钊，李勇杰，王建，等. 沙漠区域输电线路连接金具磨损性能试验及磨损趋势预测 [J]. 电瓷避雷器，2017，140（4）：152－156.

[8] DL/T 303. 电网在役支柱瓷绝缘子及瓷套超声波检测 [S]. 北京：中国电力出版社，2014.

[9] 程鹏，何成，朱弘钊，等. 风害区域分裂导线间隔棒失效机理分析 [J]. 水电能源科学，2018，36（3）：172－175.

[10] 高旭，曾文君，谢恒. 地线复合绝缘子及金具防风探讨 [J]. 电瓷避雷器，2018，141（3）：1190－194.

[11] 高庆先，任阵海，张志刚，等. 沙尘天气对大气环境影响 [M]. 北京：科学出版社，2010.

[12] 李娟. 中亚地区沙尘气溶胶的理化特性、来源、长途传输及其对全球变化的可能性[D].上海：复旦大学，2009.

[13] 李红军，杨兴华，赵勇，等. 塔里木盆地春季沙尘暴频次与大气环流的关系 [J]. 中国沙漠，2012，32（4）：1077－1081.

[14] Qureshi M I，Al－Arainy A A，Malik N H. Performance of rod－rod gaps in the presence of

dust particles under lightning impulses［J］. IEEE Transactions on Power Delivery，1991，6（2）：706 – 714.

［15］ Qureshi M I，Al – Arainy A A，Malik N H. Performance of rod – rod gaps in the presence of dust particles under standard switching impulses［J］. IEEE Transactions on Power Delivery，1993，8（3）：1045 – 1051.

［16］ Al – Arainy A A，Malik N H，Qureshi M I. Influence of desert pollution on the lightning impulse breakdown voltages of rod to plane air gaps［J］. IEEE Transactions on Power Delivery，1991，6（1）：421 – 428.

［17］ Al – Arainy A A，Malik N H，Qureshi M I. Influence of sand/dust contamination on the breakdown of asymmetrical air gaps under lightning impulses［J］. IEEE Transactions on Electrical Insulation，1992，27（2）：193 – 206.

［18］ Al – Arainy A A，Malik N H，Qureshi M I. Influence of sand/dust contamination on the breakdown of asymmetrical air gaps under switch impulses［J］. IEEE Transactions on Dielectrics and Electrical Insulation，1994，1（2）：305 – 314.

［19］ 邓鹤鸣，何正浩，马军，等. 沙尘天气下大粒径沙尘对放电过程的影响［J］. 高电压技术，2010，36（5）：1247 – 1252.

［20］ 刘云鹏，朱雷，耿江海，等. 沙尘粒径效应对分裂导线电晕特性的影响［J］. 高电压技术，2015，41（9）：3048 – 3053.

［21］ 朱雷，刘云鹏，耿江海. 高海拔沙尘条件下 750kV 输电线路导线电晕损失特性［J］. 中国电机工程学报，2015，35（22）：5924 – 5932.

［22］ Laghari J R，Qureshi A H. A review of particle – contaminated gas breakdown［J］. IEEE Transactions on Electrical Insulation，1981，16（5）：388 – 398.

［23］ Zedan F M，Akbar M A，Farag A S A，et al. Performance of HV transmission line insulators in desert conditions. I. Review of research and methods adopted internationally［J］. IEEE Transactions on Electrical Insulation，1983，18（2）：97 – 109.

［24］ Akbar M A，Zedan F M，Abdul – Majeed M A，et al. Design of HV transmission lines to combat insulator pollution problems in the eastern region of Saudi Arabia［J］. IEEE Transactions on Power Delivery，1991，6（4）：1912 – 1921.

［25］ Akbar M A，Zedan F M. Performance of HV transmission line insulators in desert conditions. III. Pollution measurements at a coastal site in the eastern region of Saudi Arabia［J］. IEEE

Transactions on Power Delivery，1991，6（1）：429 – 438.

［26］ Zedan F M，Akabar M A. Performance of HV transmission line insulators in desert conditions. IV. study of insulators at a semicoastal site in the eastern region of Saudi Arabia ［J］. IEEE Transactions on Power Delivery，1991，6（1）：439 – 447.

［27］ Farag A S A，Zedan F M，Cheng T C. Analytical studies of HV insulators in Saudi Arabia – theoretical aspects ［J］. IEEE Transactions on Electrical Insulation，1993，28（3）：379 – 391.

［28］ Hamza A H A，Abdelgawad N M K，Arafa B A. Effect of desert environmental conditions on the flashover voltage of insulators ［J］. Energy Conversion and Management，2002，43（17）：2437 – 2442.

［29］ Awad M M，Said H M，Arafa B A，et al. Effect of sandstorms with charged particles on the flashover and breakdown of transmission lines ［C］// CIGRE Session 2002. ［S.l.］：CIGRE，2002：1 – 5.

［30］ Arafa B A，Nosseir A. Effect of severe sandstorms on the performance of polymeric insulators ［C］// CIGRE Session 2012. ［S.l.］：CIGRE，2012：1 – 8.

［31］ 司马文霞，杨庆，吴亮，等. 平板模型沿面工频沙尘闪络特性的试验研究及放电机制分析 ［J］. 中国电机工程学报，2010，30（1）：6 – 13.

［32］ Sima W X，Yang Q，Ma G Q. Experiments and analysis of sand dust flashover of the flat plate model［J］. IEEE Transactions on Dielectrics and Electrical Insulation，2010，17（2）：572 – 581.

［33］ He B，Jin H Y，Gao N K，et al. Characteristics of dust deposition on suspended insulators during simulated sandstorm ［J］. IEEE Transactions on Dielectrics and Electrical Insulation，2010，17（1）：100 – 105.

［34］ Halbritter J. On contamination on electrode surfaces and electric field limitations ［J］. IEEE Transactions on Electrical Insulation，1985，EI – 20（4）：671 – 679.

［35］ Babaeva N Yu，Bhoj A N，Kushner M J. Streamer dynamics in gases containing dust particles ［J］. Plasma Sources Science and Technology，2006，15（4）：591 – 602.

［36］ Deng H，He Z，Xu Y，et al. An investigation on two – phase mixture discharges：the effects of macroparticle sizes ［J］. Journal of Physics D：Applied Physics，2010，43（25）：225203.1 – 225203.11.

［37］ Shaw P E. Tribo – electricity and friction，IV：Electricity due to air – blow particles

[J]. Proceedings of the Royal Society A: Mathematical Physical & Engineering Sciences, 1929, 122 (789): 49 – 58.

[38] Gill E W B. Frictional electrification of sand [J]. Nature, 1948, 18 (4119): 568 – 569.

[39] Latham J. The electrification of snowstorm and sandstorms[J]. Quarterly Journal of the Royal Meteorological Society, 1964, 90 (383): 91 – 95.

[40] Schmidt D S, Dent J D. A theoretical prediction of the effects of electrostatic forces on salting snow particles [J]. Annals of Glaciology, 1993, 18 (1): 234 – 238.

[41] Schmidt D S, Schmidt R A, Dent J D. Electrostatic force on saltating sand [J]. Journal of Geophysical Research, 1998, 103 (D8): 8997 – 9001.

[42] Zheng X J, Huang N, Zhou Y H. Laboratory measurement of electrification of wind – blown sands and simulation of its effect on sand saltation movement [J]. Journal of Geophysical Research, 2003, 108 (D10): 4322.1 – 4322.9.

[43] He Q, Zhou Y, Zheng X, et al. Effects of charged sand on electromagnetic wave propagation and its scattering field [J]. Science China Physics, Mechanics & Astronomy, 2006, 49 (1): 77 – 87.

[44] Hu W, Xie L, Zheng X. Simulation of the electrification of wind – blown sand [J]. The European Physical Journal E, 2012, 35 (3): 1 – 8.

[45] Bo T L, Zhang H, Hu W W, et al. The analysis of electrification in windblown sand [J]. Aeolian Research, 2013, 11 (1): 15 – 21.

[46] 屈建军, 言穆弘, 董光荣, 等. 沙尘暴起电的风洞模拟实验研究 [J]. 中国科学 (D 辑), 2003, 33 (6): 593 – 601.

[47] 屈建军, 俎瑞平, 言穆弘, 等. 扬沙和沙尘暴对导线电位影响的风洞模拟实验. 中国沙漠, 2004, 24 (5): 534 – 538.

[48] 唐秋明, 高强. 风沙流对高压绝缘子电位和电场分布的影响 [J]. 计算物理, 2016, 33 (5): 539 – 546.

[49] 闵绚, 邵瑰玮, 文志科, 等. 国内外悬垂绝缘子串风偏设计参数对比与分析 [J]. 电力建设, 2013, 34 (4): 19 – 26.

[50] 严波, 林雪松, 罗伟, 等. 绝缘子串风偏角风荷载调整系数的研究 [J]. 工程力学, 2010, 27 (1): 221 – 227.

[51] Yan B, Lin X, Luo W, et al. Numerical study on dynamic swing of suspension insulator string

in overhead transmission line under wind load [J]. IEEE Transactions on Power Delivery，2010，25（1）：248－259.

［52］ 王声学，吴广宁，范建斌，等. 500kV 输电线路悬垂绝缘子串风偏闪络的研究 [J]. 电网技术，2008，32（9）：65－69.

［53］ 贾伯岩，耿江海，方春华，等. 风速及风向对复合绝缘子闪络特性的影响 [J]. 高电压技术，2012，38（1）：75－81.

［54］ 楼文娟，杨悦，卢明，等. 连续多跨输电线路动态风偏特征及计算模型 [J]. 电力建设，2015，36（2）：1－8.

［55］ 楼文娟，余江，杨伦，等. 输电线路防风偏闪络限位装置的设计 [J]. 高电压技术，2016，42（10）：3253－3262.

［56］ 楼文娟，杨悦，吕中宾，等. 考虑气动阻尼效应的输电线路风偏动态分析方法 [J]. 振动与冲击，2015，34（6）：24－29.

［57］ 沈志舒，刘春翔，王建，等. 线路绝缘子表面积污物源分布特性 [J]. 电瓷避雷器，2016，（6）：56－60.

［58］ 王希林，朱正一，马国祥，等. 强风区复合绝缘子伞裙撕裂研究 [J]. 电网技术，2013，37（10）：2843－2849.

［59］ 朱正一，贾志东，马国祥，等. 强风区 750kV 复合绝缘子伞裙破坏机制分析研究 [J]. 中国电机工程学报，2014，34（6）：947－954.

［60］ Zhu Z，Jia Z，Ma G，et al. Fatigue fracture of composite insulators sheds utilized in strong wind areas [J]. IEEE Transactions on Dielectrics and Electrical Insulation，2015，22（3）：1636－1643.

［61］ 贾志东，马国祥，朱正一，等. 复合绝缘子在强风下的形变及应力集中程度 [J]，高电压技术，2015，41（2）：602－607.

［62］ 雷云泽，贾志东，赵莉华，等. 复合绝缘子风压分布研究及抗风性能检测方法 [J]. 中国电机工程学报，2016，36（9）：2545－2553.

［63］ 朱正一，贾志东，马国祥，等. 强风区 750kV 复合绝缘子抗风性能研究 [J]. 中国电机工程学报，2015，35（21）：5648－5655.

［64］ 王言，贾志东，朱正一，等. 基于流固耦合方法的强风区复合绝缘子结构研究 [J]. 电网技术，2016，40（1）：316－321.

［65］ 郭勇，孙炳楠，叶尹. 大跨越输电塔线体系风振响应的时域分析 [J]. 土木工程学报，

2006，39（12）：12－17.

[66] 郭勇．大跨越输电塔线体系的风振响应及振动控制研究［D］．杭州：浙江大学，2006.

[67] 李正良，肖正直，韩枫，等．1000kV 汉江大跨越特高压输电塔线体系气动弹性模型的设
计与风洞试验［J］．电网技术，2008，32（12）：1－5.

[68] 肖正直，李正良，汪之松，等．1000kV 汉江大跨越塔线体系风洞实验与风振响应分析
［J］．中国电机工程学报，2009，29（34）：84－89.

[69] 汪之松．特高压输电塔线体系风振响应及风振疲劳性能研究［D］．重庆：重庆大学，2009.

[70] 夏莹沛．输电线路涡致振动与尾流效应的数值仿真［D］．保定：华北电力大学，2014.

[71] 张春涛．腐蚀环境和风振疲劳耦合作用下输电塔线体系疲劳性能研究［D］．重庆：重庆
大学，2012.

[72] 王建，邓鹤鸣，刘劲松，等．风害区域 750kV 变电站构架避雷针变形分析及应对措施
［J］．电瓷避雷器，2017（2）：14－18.

[73] 电力规划设计总院．DL/T 5457—2012 变电站建筑结构设计技术规程［S］．北京：中国电
力出版社，2012.

[74] 周国成，柳贡民，马俊，等．圆柱涡激振动数值模拟研究［J］．噪声与振动控制，2010，
30（5）：51－55，59.

[75] 中机生产力促进中心．GB/T 3098.1—2010 紧固件机械性能 螺栓、螺钉和螺柱［S］．北
京：中国标准出版社，2010.

[76] 刘文白，刘占江，曹玉生，等．沙漠地区输电线路铁塔基础抗拔试验［J］．岩土工程学
报，1999，21（5）：564－568.

[77] 乾增珍，鲁先龙，丁士君．上拔与水平力组合作用下加筋风积沙斜柱扩展基础试验［J］．岩
土工程学报，2011，33（3）：373－379.

[78] 程永锋，丁士君．沙漠地区风积沙地基输电线路装配式基础真型试验研究［J］．岩土力
学，2012，33（11）：3230－3236.

[79] 张丽．输电线绝缘子金具的风振响应及疲劳特性分析［D］．苏州：苏州大学，2010.

[80] 杨现臣，李新梅．新疆大风区输电线 U 型环磨损试验分析［J］．铸造技术，2016，37（10）：
2055－2057.

[81] 芦信．风沙两相流对架空导线磨损的实验研究［D］．保定：华北电力大学，2013.

[82] 张秀丽，柯睿，杨跃光，等．酸性湿沉降区域 500kV 输电线路金具缺陷机理分析及防范
措施［J］．高电压技术，2016，42（1）：223－232.

［83］ 陈军君，胡加瑞，谢亿，等. 典型工业区输电线路金具腐蚀失效分析［J］. 腐蚀科学与防护技术，2013，25（6）：508－513.

［84］ 陈军君，李明，胡加瑞，等. 酸雨地区电力金具腐蚀速度模型和寿命评估［J］. 华东电力，2013，41（5）：1037－1039.

［85］ 张小曳，汤洁，王亚强，等. GB/T 20479—2006 沙尘暴天气监测规范［S］. 北京：中国标准出版社，2006.

［86］ 牛苔芸，田翠英，张恒德，等. GB/T 20480—2017 沙尘暴天气等级［S］. 北京，中国标准出版社，2017.

［87］ 全国气象防灾减灾标准化技术委员会. GB/T 28593—2012 沙尘暴天气预警［S］. 北京：中国标准出版社，2012.

［88］ 郑新江，刘诚，罗敬宁. 气象卫星多通道信息监测沙尘暴的研究［J］. 遥感学报，2001，5（4）：300－305.

［89］ Zhou Z，Wang X. Analysis of the severe group dust storms in eastern part of Northwest China［J］. Journal of Geographical Sciences，2002，12（3）：357－362.

［90］ Tsolman R，Ochirkhuyag L, Sternberg T. Monitoring the source of trans－national dust storms in north east Asia［J］. International Journal of Digital Earth，2008，1（1）：119－129.

［91］ 董旭辉，祁辉，任立军，等. 偏振激光雷达在沙尘暴观测中的数据解析［J］. 环境科学研究，2007，20（2）：106－111.

［92］ 申莉莉，盛立芳，陈静静. 一次强沙尘暴过程中沙尘气溶胶空间分布的初步分析［J］. 中国沙漠，2010，30（6）：1483－1490.

［93］ Uno I，Yumimoto K，Shimizu A. 3D structure of Asian dust transport revealed by CALIPSO Lidar and a 4DVAR dust model［J］. Geophysical Research Letters，2008，35（6）：341－356.

［94］ 王敏仲. 基于风廓线雷达的沙尘暴和降水过程探测分析［D］. 兰州：兰州大学，2014.

［95］ 蔡炜. 光纤光栅复合绝缘子研制与状态监测技术研究［D］. 武汉：武汉大学，2011.

［96］ 陈庭记，蔡炜，邓鹤鸣，等. 复合绝缘子综合监测现场应用探讨［J］. 电瓷避雷器，2013，（3）：31－35.

［97］ 吴飞. 基于光纤光栅的多力参数测量及信号分析技术的研究［D］. 秦皇岛：燕山大学，2007.

［98］ Wu F，Yang H，Teng F，et al. Research on the Characteristics of a twisted high birefringence fiber grating［J］. Optoelectronics Letters，2006，2（6）：408－411.

[99] 傅志辉. 新型光纤激光器与高灵敏度光纤振动传感器研究 [D]. 杭州：浙江大学，2009.

[100] Fu Z，Wang Y，Yang D，et al. Single-frequency linear cavity erbium-doped fiber laser for fiber-optic sensing applications [J]. Laser Physics Letters，2009，6（8）：594-597.

[101] 张韶华，王斌. 超高压变电站绝缘子均压环振颤分析 [J]. 宁夏电力，2010（1）：12-14，43.

[102] 李欣，何智强，单周平，等. 220kV 管母用瓷支柱绝缘子运行事故分析 [J]. 高压电器，2015，51（5）：199-204.

[103] 闫斌，丁辉. 支柱瓷绝缘子断裂失效分析 [J]. 青海电力，2003（1）：1-6.

[104] 刘学军，冯涛. 隔离开关中支柱绝缘子的风载荷计算 [J]. 高压电器，2015，51（5）：83-94.

[105] 蔡炜，罗兵，邓鹤鸣，等. 光纤布拉格光栅复合绝缘子的应力分布分析. 高电压技术，2011，37（5）：1106-1114.

[106] 蔡炜，温生，邓鹤鸣，等. 植入复合绝缘子芯棒内的光纤布拉格光栅热应变和应力应变分析. 高电压技术，2011，37（10）：2370-2378.

[107] 蔡炜，周国华，杨红军，等. 复合绝缘子光纤智能监测试验研究. 高电压技术，2010，36（5）：1167-1171.

[108] 蔡炜，罗兵，孟刚，等. 基于光传感复合绝缘子智能监测技术探讨. 电瓷避雷器，2011，54（3）：1-5.

[109] 杨攀，刘喜成，甘宁，等. 电网应急指挥系统设计 [J]. 电力科学与技术学报，2017，32（4）：17-32.

[110] 常伟，童帆，张玉明，等. ±800kV 特高压换流站防风沙措施设计 [J]. 中国电力，2015，48（11）：76-81.

[111] 邓鹤鸣，何正浩，王蕾，等. 两相体对放电路径选择的影响 [J]. 高电压技术，2008，34（12）：2681-2686.

[112] 邓鹤鸣，何正浩，马军，等. 两相体放电中的粒径效应 [J]. 中国电机工程学报. 2010，30（22）：135-142.